科技创新背景下科技人才培养与激励体系研究

赵晶晶◎著

中国商业出版社

图书在版编目（CIP）数据

科技创新背景下科技人才培养与激励体系研究 / 赵晶晶著 . -- 北京 : 中国商业出版社, 2025. 5. -- ISBN 978-7-5208-3422-3

Ⅰ. G316

中国国家版本馆 CIP 数据核字第 2025ZM6941 号

责任编辑：吴　倩

中国商业出版社出版发行

（www.zgsycb.com　100053　北京广安门内报国寺 1 号）

总编室：010-63180647　编辑室：010-83128926

发行部：010-83120835/8286

新华书店经销

北京厚诚则铭印刷科技有限公司印刷

*

787 毫米 ×1092 毫米　16 开　8.75 印张　127 千字

2025 年 5 月第 1 版　2025 年 5 月第 1 次印刷

定价：50.00 元

* * * *

前　言

当前，全球新一轮科技革命正在加速演进，科技创新已成为各国推动国家发展的重要力量。人才是第一资源，而创新驱动的实质是人才驱动。科技创新的主体就是科技人才，科技人才的培养与激励效果直接影响着国家创新体系建设。在此时代背景下，《科技创新背景下科技人才培养与激励体系研究》一书应运而生，旨在为我国科技人才队伍建设提供理论支撑与实践参考。

本书是系统研究科技创新背景下科技人才培养与激励体系的专著。本书在阐述科技创新、科技创新人才培养等相关概念的基础上，进一步分析了当前科技创新人才培养面临的挑战，并指出科技创新背景下科技人才的素质特征与开发取向。同时，还针对我国高校创新型科技人才培养存在的问题，提出了相应的对策，并指出了科技人才培养协同体系建设的路径。此外，本书还针对科技人才特点，构建了科技人才激励体系，希望能够为提高我国科技人才培养水平提供一定的理论借鉴。

本书编写过程中参考了大量专著和文献，在此，向这些作者以及为这本书提出宝贵意见的专家和朋友们致以衷心的感谢！

由于成书仓促和水平有限，书中难免有不足之处，敬请批评指正。

目　录

第一章　科技创新背景下高校创新型科技人才培养的理论基础

第一节　高校创新型科技人才培养的理念

教育理念作为人们对教育活动的理性认知和理想憧憬，是在教育实践的不断探索、思维活动的深度碰撞、文化积淀的长期滋养以及多元交流的相互启发过程中所形成的教育价值取向。

教育理念具备相对的稳定性，能够在一定时期内保持其核心内涵；具有延续性，传承着教育发展过程中的宝贵经验与智慧；同时还拥有指向性，为教育活动指明前行的方向，深刻反映出人们对教育问题的深度思考和理性审视。它在教育体系中是人才培养目标及其实践的根本性指导思想，奠定了设计人才培养模式的思想基础，清晰地展现了教育所应达到的理想状态，承载着人们对教育的美好追求，为教育发展标定了方向。

在我国教育界，随着高等教育的蓬勃发展以及对国外先进教育经验的借鉴吸收，提出了一系列与创新型科技人才培养紧密相关的教育理念。这些理念的诞生，是顺应时代发展需求的必然结果，为培养适应新时代挑战的创新型人才提供了思想指引。教育理念具有不可忽视的价值，它在潜移默化中影响着人们的教育选择，以一种坚定的姿态回答了“我们笃信什么，我们追求什么”这一根本性问题。同时，它如同明亮的灯塔，照亮教育实践的道路，指导着教育工作者在实际的教育教学活动中，朝着实现教育目标、培养优秀人才的方向不断努力。我国高校创新型科技人才培养的教育理念包括以下内容。

一、素质教育的理念

在我国教育发展的进程中，素质教育作为近20年来最主要的教育理念，其起源可追溯至基础教育领域。由于应试教育存在诸多问题，素质教育应运而生，并在发展过程中逐渐被引入和推广至高等教育领域。1999年，中共中央、国务院《关于深化教育改革全面推进素质教育的决定》的发布，成为素质教育发展的重要里程碑。该决定明确指出，素质教育的核心目标在于提高国民素质，着重培养学生的创新精神和实践能力，致力于造就德智体美全面发展的社会主义事业建设者，实现了教育理念从传统向现代的重大转变。随着素质教育理念的不断深入，其在高等教育领域得到了广泛的应用。从创新型科技人才培养模式的构建，到具体教学理念的更新，素质教育理念都发挥着关键的引领作用。它推动着高等教育从传统的知识灌输型向能力培养型、创新驱动型转变，为培养适应新时代需求的高素质人才奠定了坚实基础。

素质教育蕴含着丰富且深刻的核心思想。在目标设定上，强调强化学生全面素质的提升，摒弃单一的知识传授，注重学生在知识、能力、品德等多方面的综合发展；在教育内容上，倡导全面教育，涵盖德育、智育、体育、美育等多个维度，力求为学生提供全方位的教育滋养；在教育方式上，高度注重学生主体性、积极性与创造性的发挥，改变传统教育中以教师为中心的模式，充分调动学生的主观能动性；在途径选择上，坚持理论与实践相结合，使学生不仅能掌握扎实的理论知识，还能在实践中提升解决实际问题的能力；在评价体系上，注重教育效果的长远性与基础性，不再仅仅以短期的考试成绩为衡量标准，而是着眼于学生的长期发展和综合素质的培养。素质教育已然成为我国教育改革的主导理念。它不仅高度重视学生综合素质的全面发展，还特别强调创新能力和实践能力的培养，这一理念的贯彻实施对高等教育人才培养模式产生了深远且积极的影响，有力地推动了我国高等教育事业朝着更加科学、合理、高效的方向发展。

二、通识教育的理念

在教育思想的发展历史中，通识教育源远流长。其起源可追溯至古希腊时期，哲学家亚里士多德提出的自由教育理念成为通识教育的思想源头。这一理念强调教育的核心目的应是追求知识本身的价值，致力于促进个体心智的解放与自由发展，为通识教育的发展奠定了最初的理论基调。随着教育理念的不断演进，美国学者帕卡德（A.S.Packard）首次将通识教育与大学教育紧密联系起来。他指出，美国大学为学生提供涵盖古典学、文学和科学等多方面的课程，这种课程设置模式体现了通识教育在大学教育中的初步实践，使通识教育开始融入大学的教育体系之中。发展至现代，通识教育的理念在延续亚里士多德思想的基础上又进行了更新。列文（Arthur Levine）提出，现代通识教育是大学本科课程中具有广度的全校共同性部分，它跨越多个学科领域，旨在为所有学生提供共同的本科训练，进一步明确了通识教育在大学课程体系中的地位和作用。我国学者李曼丽对通识教育的内涵进行了深入构建。从性质角度而言，通识教育属于高等教育的一部分，具有非专业性的特点，它区别于专业教育，更注重学生知识的广度和综合素质的培养；从目的上看，其旨在培养具有社会责任感、能够实现全面发展的公民，体现了通识教育在人才培养目标上的社会价值和人文关怀；从内容方面分析，通识教育涉及广泛的基础知识、技能以及态度，且具有非专业性和非功利性，强调知识的纯粹性和全面性，而非仅仅服务于职业技能的培养。[①] 在探讨通识教育时，其与专业教育的关系也备受关注。有学者认为，通识教育并非对专业教育的否定，而是对过分强调专业教育的工具主义倾向的一种纠正。普林斯顿大学原校长托马

① 李曼丽．通识教育：一种大学教育观 [M]. 北京：清华大学出版社，1999：21.

斯·威尔逊曾指出，知识是一个有机的整体，不能进行割裂，专业教育应与自由教育（通识教育的一种体现）同时进行，两者相互补充、相辅相成，共同促进学生的全面发展。[①]通识教育从古希腊时期的自由教育理念起源，历经与大学教育的融合以及现代内涵的不断丰富，逐渐形成了独特的教育理念和体系，并且在与专业教育的关系中不断明晰自身的定位和价值，对现代高等教育的发展产生着深远的影响。

在当今对创新型科技人才需求日益迫切的时代背景下，通识教育作为创新型科技人才培养的理念主张，具有坚实的理论依据与实践意义。从构建创新知识体系的层面来看，通识教育能够助力学生全面且深入地了解人类知识的整体状况。通过广泛涉猎不同领域的知识，学生得以拓宽自身的知识视野，清晰理解主要知识领域的核心观点、独特的思维方式以及未来的发展趋势。在充分汲取多元知识养分的基础上，学生能够更加理性地选择适合自己的专业方向，进而形成博专结合的知识和能力结构。这种个性化的学习路径，为学生达成创造性成果提供了良好的知识储备与思维基础，使他们在面对复杂问题时能够从多学科视角进行思考和解决；在心智解放与社会责任感的培养方面，通识教育高度强调个体的心智解放，将人文精神与科学精神深度融合。它引导学生超越功利性的追求，更加关注创新意识和创新人格的塑造。通过培养学生的社会责任感，使他们深刻认识到自身所肩负的社会责任，从而在创新的道路上不仅追求个人成就，更注重为社会的发展贡献力量。这种对学生内在精神世界的培育，为创新型人才的成长提供了强大的精神动力；就创新思维能力的培养而言，通识教育着重强调归纳、推理、独立思考、批判性思考、价值判断以及语言沟通等多种能力的训练，这些能力无疑是创新思维的重要基石。同时，通识教育大力提倡问题课程、讨论课程以及启发式教学等多样化的教学方式，旨在充分激发学生的思维活跃性，促使学生在思考

① 约翰·S.布鲁贝克.高等教育哲学[M].王承绪，郑继伟，张维平，等译.杭州：浙江教育出版社，1987：87.

和交流的过程中不断碰撞出创新灵感的火花，为培养创新型人才提供了有效的教学方法和途径；从人的全面发展角度出发，通识教育的终极目标是致力于培养具有自由发展潜力的个体。它将学生首先视为“社会人”，注重培养学生的社会适应能力、人际交往能力以及社会责任感，在此基础上再将学生培养成为“职业人”。这种教育理念追求学生个性特征和创造能力的自由发展，使学生能够在充分发挥自身优势的基础上实现创新和突破。

通识教育凭借其广泛的知识体系、对心智解放的重视、人文与科学精神的深度培育以及对创新思维能力的系统锻炼，全方位地助力于创新型科技人才的培养。它高度关注学生的全面发展，尤其是个性化的自由发展，为个体创造性成果的实现提供了不可或缺的有力支持，因此成为创新型科技人才培养的重要理念主张。

三、创新教育的理念

20 世纪 80 年代末，全球经济的迅猛发展成为各国教育改革的核心驱动力。在这一背景下，许多国家从未来发展的战略高度出发，对教育体系进行了深刻变革。在高等教育领域，改革的重点普遍集中在如何培养具备 21 世纪经济社会发展所需关键能力的人才，尤其是创新能力与实践能力。与此同时，人们逐渐意识到，仅依赖传统的传承教育理念已无法满足这一需求。因此，在传统创造力教育的基础上，创新教育理念逐渐兴起，成为教育改革的重要方向。

具体来讲，在时代的发展进程中，创新教育理念的产生有着深刻的时代背景和内在逻辑，知识经济的迅速兴起成为这一理念诞生的关键驱动力，它促使知识观、教育观和人才观发生了根本性的转变。从知识观的转变来看，在传统观念中，知识被视为“客观存在”的实体，是一种可以积累传承的遗产。然而，随着知识经济时代的来临，知识呈现出“非客观性、境域性”的新特征。知识不再仅仅是静态的积累，而是在不断的创新中实现突破与超越，强调知识的动态生成和发展。教育观也随之发生了显著的变革。传统教育模式往往侧重于对前人知识的“复制”，知识教育与人文教育处于分离状态，这种教育方式使学生的学习较为被动，缺乏创新意识和综合素养的培养。而在知识经济时代，教育被赋予了新的使命，它要求超越传统的机械适应模式，大力提倡“继承与创新统一”的理念。在教育实践中，积极推动科学与人文教育的融合、专业与通识教育的结合，旨在培养出能够创新、超越前人的“创新人”，使学生不仅具备扎实的专业知识，还拥有广阔的人文视野和创新思维能力。人才观的转变同样是创新教育理念产生的重要因素。在传统教育体系下，学生常常被当作“知识储存器”，教育过于注重知识的灌输，忽视了学生个性的发展和思维的健全培养，导致学生缺乏独特的个性和创新思维。而知识经济时代对人才提出了全新的要求，它迫切需要创新型人才，这类人才应具备灵活的思维、强大的创新能力以及熟练的实践技能。为了培养出符合时代需求的创新型人才，就需要有新的教育理念和思想来进行指导，正是在这样的背景下，创新教育理念应运而生。知识经济的兴起引发了知识观、教育观和人才观的深刻变革，这些变革共同推动了创新教育理念的产生，以适应时代发展对创新型人才培养的迫切需求。

在当今教育领域中，创新教育理念已成为备受瞩目的核心概念。其核心要义在于着重培养学生的创新精神、创新能力以及其他一系列与创新紧密相关的素质。从创新教育理念的核心目标来看，它致力于深度发掘个体所蕴含的创造潜能，大力弘扬创造主体精神，积极促进学生个性的和谐发展，从而培养出具备创新能力的各类专业人才，以此推动教育事业的蓬勃发展以及社会的持续进步。

创新教育理念具备三大显著特征。其一为主体性，该特征高度强调学生在创新教育过程中所处的主体地位。在教师的有效指导下，学生能够独立自主地获取知识、积累经验，并逐步形成合理且完善的知识和能力结构，充分发挥学生的主观能动性和自主学习能力。其二为系统性，创新素质的培养并非一蹴而就，而是需要多种教育手段以及良好教育环境的协同支持。通过全方位的教育培养，促使学生在知识储备、思维方式、个性塑造、品格养成以及实践能力等多个方面实现整体健康发展，形成综合素养。其三为实效性，创新教育理念通过精心设计创新课程以及组织丰富多样的实践活动，切实提升了学生的创新能力。在这个过程中，帮助学生运用所学知识解决实际问题，将潜在的创新素质成功转化为实际的创新能力，实现教育成果的有效落地。

在国际教育舞台上，创新教育理念展现出了强大的影响力。比如在美国、日本等发达国家的教育改革实践中，创新教育理念得到了广泛的应用和深入的探索。与此同时，中国学者也敏锐地将这一先进理念引入国内，并与素质教育有机结合，有力地推动了高等教育的发展。在高等教育的课程设置、教学方法改革以及人才培养模式创新等方面，创新教育理念都发挥着重要的引领作用。

创新教育理念以培养学生的创新能力为核心导向，高度注重其主体性、系统性和实效性。通过多维度、全方位的教育实践，致力于培养出更多能够适应时代发展需求的创新型人才。这一理念在全球范围内得到了广泛的推崇和应用，并且与素质教育深度融合，成为推动教育改革的重要力量，为未来教育的发展指明了方向。

在高等教育的发展进程中，教育理念的相互融合已成为一种显著趋势。通才教育、个性化培养等多种教育理念并非孤立存在，彼此之间存在着紧密的联系。它们既具有共性，都致力于培养全面发展、适应社会需求的人才，又存在互补性，在不同的侧重点上发挥着独特的作用，且在实践中常常相互交融，共同推动着高等教育的发展。众多高校在创新型人才培养的实践探索中，也充分体现了教育理念的融合趋势。复旦大学大力倡导“通才教育，按类教学”，高度注重学科之间的渗透、交叉与组合。通过打破学科壁垒，为学生提供广阔的知识视野，致力于培养出文理兼备、综合素质高的复合型人才，使学生能够适应复杂多变的社会环境和职业需求。北京大学积极实施通识教育与宽口径专业教育，强调自由选课制和因材施教。自由选课制给予学生充分的自主选择权，让学生能够根据自己的兴趣和发展方向选择课程；因材施教则关注学生的个体差异，满足不同学生的学习需求，促进学生的个性发展。云南大学强调个性培养和全面发展，结合“教为不教，学为创造”的理念，鼓励学生自主学习和创新，培养学生的创造力和实践能力，在促进学生全面发展的同时，尊重和发展学生的个性。哈尔滨工程大学推行个性化发展，允许学生根据兴趣和特长转换专业，为学生提供了更多的发展机会和选择空间，使学生能够更好地发挥自己的优势，实现个性化成长。教育理念的融合对于创新型科技人才的培养具有不可忽视的积极影响。此外，还有研究者提出，在创新型科技人才培养中，应进一步体现“人本主义理念”，关注学生的个体需求和发展；体现“面向社会的理念”，使培养的人才能够更好地适应社会发展的需求；体现“国际化教育理念”，提升学生的国际视野和竞争力。

第二节　高校创新型科技人才培养的模式

一、模式与人才培养模式

（一）“模型”与“模式”概述

“模”字在其初始含义中，表征着“法”，即借助特定的工具或方法来制造物品。并且，依据不同的材料，“模”有着各异的名称，诸如木模、金模、土型、竹范等，这些不同名称的“模”反映了当时制作物品所使用的材料和工艺的多样性。“模”字的含义在发展过程中不断引申。其一，具有模型、规范之义，成为一种标准或样式；其二，代表楷式、模范，可作为人们学习和效仿的对象；

其三，意味着模仿、效法，体现了一种行为方式。模型的演变历程也颇为丰富。最初，模型主要是指铸造时所使用的模具，随着时间的推移和社会的发展，其含义逐渐扩展，开始进入观念形态领域。[①]钱学森曾对模型作出定义，认为模型是通过对问题进行分析，提取主要因素，忽略非主要因素后，所创造出的图画，这一观点为理解模型提供了独特的视角。

在学术研究和诸多领域的实践中，“模式”与“模型”是两个既相互关联又存在差异的重要概念。“模式”一词追根溯源是由“模型”演变而来的，在英文表达中，两者常可用同一词语“Model”来表示。从语义学角度剖析，“模式”中的“式”意味着样式、形式，其本质指向的是某种事物的标准形式或标准样式。[②]“模型”与“模式”在概念的具体内涵上存在明显的区别。“模型”一般是与原型相对应的存在，它既可以呈现为实物形态，如建筑模型、机械模型等，也能够以观念形态存在，如数学模型、物理模型等，而“模式”通常所指的是观念形态，其外延相对“模型”而言更小。在研究方法的应用方面，“模型”具有较强的适应性，能够用于定量研究，无论是在对实物形态的精确分析，还是对观念形态的深入探究中，都能发挥重要作用；与之相对，“模式”则更多地应用于定性研究，它着重强调对对象本质特征的提取，并且在人文社会科学领域得到了广泛的运用。在现代社会的众多领域，如经济、企业管理、市场等方面，“模式”的含义发生了进一步的演变。此时的“模式”不再单纯等同于原型本身，而是演变成一个概念性的整体结构，其中涵盖了一组特定的观念、价值和规则。这些模式通过对特定信念和价值取向的行动进行指导，充分体现了其作为概念框架的重要性以及对实践的引导作用。模式论作为一种科学的思维和操作方法，其核心在于通过科学的手段对认识与实践对象的本质特性进行描述，它充当了理论与实践之间的中介方法，在理论向实践的转化过程中发挥着关键的桥梁作用。“模式”

① 魏所康．培养模式论 [M]. 南京：东南大学出版社，2004：19.

② 中国社会科学院语言研究所．现代汉语词典 [M]. 北京：商务印书馆，1996：894.

与“模型”存在着明显的区别，“模式”主要聚焦于观念形态，侧重于定性研究，在社会科学领域应用广泛；“模型”则用于描述实际的或抽象的原型。而模式论作为一种科学方法，为理论与实践的有效衔接搭建了重要的桥梁。

（二）人才培养模式概述

在教育领域中，“模式”这一概念有着广泛且深入的应用，衍生出了诸如“教育模式”“教学模式”“办学模式”“课程模式”等一系列与之相关的教育概念。“教学模式”是这些概念中最早被提出的。它主要用于描述课程设计、教材选择以及教学活动的计划或范型。这一概念的提出，对教育研究和实践产生了深远的影响。它为教育工作者提供了一种可遵循的范式，使教学活动更加规范化、系统化，有助于提高教学质量和效率。“教育模式”的外延则更为广泛，适用于多种不同的教育语境。它泛指与教育现象相关的所有“模式”，涵盖了从宏观的教育理念到微观的教育实施等各个层面，是一个综合性的概念。“人才培养模式”是一个具有鲜明中国特色的概念。20 世纪 90 年代中期，随着我国素质教育改革的提出，这一概念应运而生。它描述的是介于教育模式和教学模式之间的教育现象，并且与我国经济体制从计划经济向社会主义市场经济转型的背景紧密相连。1996 年，“人才培养模式”首次在国家《国民经济和社会发展“九五”计划和 2010 年远景目标纲要》中被提出，标志着“人才培养模式”这一概念在国家文献中得到了正式确立。在教育改革和学术研究中，“人才培养模式”逐渐成为一个重要的理论工具。它为教育改革提供了明确的方向和目标，推动着我国教育事业不断向前发展。通过对人才培养模式的深入研究和实践探索，教育工作者能够更好地培养出适应社会发展需求的高素质人才。

人才培养模式作为教育领域的关键概念，在高等教育体系中占据着核心地位。从本质上讲，人才培养模式主要聚焦于“培养什么样的人”以及“如何培养这样的人”这两大根本性的模式设计问题。高等学校的人才培养活动是人才培养模式的原型或直接描述对象。人才培养模式并非凭空产生，而是对高等学校实际开展的人才培养活动进行抽象化和简约化的表达。通过这种方式，将复杂多样的人才培养活动提炼为具有普遍指导意义的模式。

人才培养模式由多个要素构成，主要包括静态结构和动态状态两个方面。静态结构涉及模式中各要素及其相互之间的关系，这些要素是构建人才培养模式的基础；动态状态则关注在人才培养活动过程中模式的具体运行方式，体现了模式在实际操作中的动态变化。人才培养模式的各个要素之间并非孤立存在，而是按照教育规律有序地组合在一起。它们彼此相互联系、相互制约，形成了一个有机的整体。其中任何一个要素的变化，都可能引发其他要素的相应改变，进而导致整个培养模式呈现出不同的培养风格。例如，培养目标的调整可能会影响课程设置、教学方法等要素的变化，从而塑造出不同特点的人才培养模式。同时，人才培养模式还受到诸多外界因素的影响。教育思想的更新、教育理论的发展、培养目标的变化以及社会对人才需求的调整等，都会对人才培养模式的要素构成和发展方向产生作用。这些外界因素如同催化剂，推动着人才培养模式不断进行革新，以适应时代的发展和社会的需求。

从属性上看，人才培养模式是一个过程范畴，它贯穿人才培养过程的设计、建构和管理等各个环节。人才培养模式具有计划性，在培养活动开始之前就对培养目标、内容、方法等进行规划；具有系统性，各要素相互关联形成一个整体；具有范型性，为人才培养提供了一种可参照的范式；具有可操作性，能够在实际的教育教学活动中得以实施。总而言之，人才培养模式是对人才培养过程的总体性设计，全面体现了培养目标、计划实施、过程控制和质量保障等特性。其运作是一个有机的过程，受外界因素的影响并随之不断发展变化，最终形成了各具特色、风格各异的人才培养模式，以满足不同的教育需求和社会发展的需要。

人才培养模式是依据社会发展的现实需求以及教育自身的发展状况，在特定的教育思想和观念的引领下，为达成预先设定的人才培养目标而精心设计的教育活动要素与过程的总和。人才培养模式具有明确的教育目标导向性。教育目的作为人才培养的核心指引，为整个培养模式指明了方向。以教育目的为导向，人才培养模式进一步依托教育内容，精心筛选和组织各类知识、技能以及价值观等教育素材，确保所传授的内容与培养目标相契合。同时，以适宜的教育方法作为实现形式，将教育内容有效地传递给受教育者，促进其知识的获取、能力的提升和素养的发展。人才培养模式对受教育者产生着直接且深远的影响。这种影响作用于受教育者的身心发展过程，通过教育活动的实施，不仅塑造着受教育者的知识结构和技能水平，还在潜移默化中影响着他们的思维方式、情感态度和价值观等方面。良好的人才培养模式能够促进受教育者身心的健康发展，使其具备适应社会和个人发展的能力与素质。从人才培养模式的内部结构来看，它清晰地反映了培养目标、培养规格、培养过程和教育评价等基本要素之间的有机联系。培养目标明确了人才培养的方向和预期结果；培养规格进一步细化了对人才质量和标准的要求；培养过程则是实现培养目标和规格的具体实施路径，涵盖了教学活动、实践环节等多个方面；教育评价则是对培养过程和结果的评估与反馈，为培养模式的优化和调整提供依据。这些基本要素相互依存、相互作用，共同构成了一个有机的整体，确保了人才培养模式的有效运行。人才培养模式作为教育活动的关键架构，其设计和实施直接关系教育质量和人才培养的成效，对受教育者的成长和社会的发展具有不可忽视的重要意义。

（三）人才培养模式的基本要素

在高等教育的理论与实践领域中，人才培养模式是一个核心且关键的概念。其外延广泛，全面涵盖了整个人才培养的实践过程，具体涉及四个相互关联且又各有侧重的层面问题。从价值层面来看，培养目标与培养规格明确了“培养什么样的人才”这一根本性问题。培养目标是人才培养的总体指向，它依据社会发展需求、教育发展趋势以及个体发展规律等多方面因素来确定，为整个培养过程指明方向。培养规格则进一步细化了对人才的具体要求，包括知识、能力、素质等多个维度，使培养目标更具可操作性。在内容层面，培养制度与培养内容着重解决“用什么内容培养人才”的问题。培养制度是人才培养的规范和准则，它保障了培养过程的有序进行。培养内容则是一个丰富的体系，包括专业设置、课程体系等，合理的专业设置能够适应社会对不同领域人才的需求，而科学的课程体系则是实现培养目标的重要载体，为学生提供系统的知识和技能训练。行为层面的教育途径与教学方法，关注的是“采用何种方式或途径进行培养”。教育途径涵盖了课堂教学、实践教学、实习实训等多种形式，不同的教育途径在人才培养中发挥着不同的作用。教学方法则是教育实施过程中教师和学生所采用的具体方式和手段，它直接影响着学生的学习效果和能力增强。结果层面的人才培养质量评价体系，主要用于评估“培养出什么样的人才”。科学合理的评价体系能够对人才培养的质量进行客观、准确的判断，为人才培养模式的调整和优化提供依据。

人才培养模式的构成要素主要包括目的、内容、方法和评价四个方面。目的要素是整个培养活动的核心，它标示着培养的出发点和归宿，对培养内容和方法起着指导作用。内容要素是培养制度和过程的实施体系，包括专业设置、课程体系、教学组织等，是实现培养目标的基础。方法要素是教育实施过程中的程序、方式和手段，涵盖了教育者的教学方法和受教育者的学习方法，直接影响着培养效果。评价要素包括测评过程和结果，通过对人才培养质量的检验，反馈培养过程中存在的问题，以促进人才培养模式的不断完善。

人才培养模式的设计和实施是一个系统工程，需要综合考虑目的、内容、方法和评价这四个要素。它们相互联系、相互制约，共同决定着人才培养的效果与质量。只有协调好各要素之间的关系，才能构建出科学、合理、高效的人才培养模式，为社会培养出更多优秀的人才。

（四）人才培养模式的改革动因

在高等教育的发展历程中，人才培养模式呈现出显著的多样性特征。之所以这样，源于不同历史时期教育思想、理论基础以及现实环境条件的动态变化。教育思想的演变引领着人才培养的方向，新的理论基础不断为人才培养模式注入新的理念和方法，而现实环境条件则为人才培养模式的实施提供了客观基础。正因如此，在复杂多变的教育实践中，不存在一种能够普遍适用于所有情况的人才培养模式。

人才培养模式的改革是一个受到多种因素驱动的过程，其中包含外部因素和内部因素两个方面。

从外部因素来看，教育改革必须充分考量社会需求。社会需求处于不断变化和发展之中，经济结构的调整、科技的进步以及社会文化的变迁等，都对人才的类型、规格和质量提出了新的要求。为了适应经济与社会的发展，学校需要适时调整专业设置，使其与社会需求相契合；明确并优化培养目标，确保培养出的人才符合社会发展的实际需要；同时，合理调整培养规格，从知识、能力和素质等多个维度对人才进行全面培养。

就内部因素而言，教育内部改革要依据专业培养目标和规格来进行。专业培养目标和规格是人才培养的具体指引，学校应以此为基础，对培养方案和途径进行优化调整。通过合理规划课程体系、改进教学方法、加强实践教学等措施，确保人才培养模式各要素之间的协调统一，从而提高培养质量与培养目标之间的拟合度，使培养出的人才能够更好地满足专业发展的要求。

人才培养模式的改革受到外部社会需求和内部教育关系的双重影响。为了实现人才培养的高质量和高效率，必须根据社会需求和专业目标进行灵活调整，以确保人才培养质量与培养目标之间的精准匹配，进而为社会输送更多符合时代需求的优秀人才。

二、我国高校创新型科技人才培养模式的探索

（一）创新型科技人才培养形式的探索

近年来，我国高等教育领域的改革取得了显著成效。在人才培养方面，高校积极顺应时代发展的需求，深刻认识到培养创新型科技人才的重要性和紧迫性，通过构建多元化的人才培养形式，来切实满足创新型科技人才培养目标的要求。多元化的人才培养形式涵盖了多个维度，包括课程设置的多样化、教学方法的创新以及实践教学环节的加强等。在实践探索的过程中，已经涌现出了几种颇具特色的创新型科技人才培养形式。

在创新型科技人才培养的探索之路上，我国众多“985工程”和“211工程”高校积极作为，勇于尝试，纷纷开设了“基地班”或“实验班”，以此来深入探索创新型科技人才的有效培养路径。这些“基地班”和“实验班”在招生方面具有独特的优势，它们凭借高校自身的声誉和资源，吸引了大量优质生源，并且充分考虑学生之间存在的个体差异，根据学生的不同情况和特点，精心建立个性化的培养方案。针对优秀学生实施特殊培养计划，从课程设置、教学方法到实践环节等多方面进行定制化安排，力求最大限度地挖掘学生的潜力，满足学生的个性化发展需求。在众多高校的实践中，涌现出了一系列典型案例。如北京大学的“元培计划实验班”，注重培养学生的综合素养和自主学习能力，打破学科界限，为学生提供广阔的发展空间；清华大学的“数学—物理学基础科学班”，聚焦基础学科，培养学生扎实的理论基础和创新思维；中国科技大学的少年班，选拔智力超常的少年学生，给予他们特殊的教育培养，助力其快速成长；浙江大学的“丘

成桐数学英才班”，借助顶尖数学家的资源，培养数学领域的拔尖人才；西安交通大学的“钱学森实验班”，传承钱学森的教育理念，致力于培养具有创新精神和实践能力的杰出人才。这些“基地班”和“实验班”的主要目标十分明确，即致力于培养拔尖创新型科技人才。经过一段时间的实践和经验积累，它们逐步将成功的培养模式和经验推广到其他班级，带动整个学校人才培养质量的提高。总之，高校开设的特色“基地班”和“实验班”，为创新型科技人才的培养提供了多样化且富有成效的路径。通过这种方式，高校不仅为未来的顶尖科技人才奠定了坚实的基础，而且在不断推广和完善这些模式的过程中，积累了宝贵的经验，推动着我国高等教育人才培养模式的改革与创新。

高校通过对创新型科技人才培养模式的改革，积极实行学科大类招生和交叉培养，高度关注学生的个性化发展。在培养创新型科技人才的使命驱动下，我国众多高校积极进行改革探索，呈现出多样化且富有成效的培养模式。许多高校，如中山大学、中南大学等，正在大力推进“按照学科大类招生并分大类培养”的试点改革。这一改革模式在人才培养的不同阶段有着明确的侧重点。在低年级阶段，主要聚焦于通识教育的开展，旨在拓宽学生的知识视野，培养学生的综合素养，为后续的专业学习奠定坚实的基础。而到了高年级，培养方向则转向侧重学科门类、学科大类及专业教育，使学生能够深入学习专业知识，提升专业技能。这种培养模式还具有显著的灵活性。学生在顺利完成通识课程和大类基础课程的学习后，便拥有了根据自身个人兴趣和特长来选择专业和方向的机会。这一举措充分尊重了学生的个性差异，有助于激发学生的学习积极性和主动性，使学生能够在自己擅长和感兴趣的领域深入发展。以南京大学为例，其人才培养目标明确且具有针对性。一方面，致力于培养基础性人才，这类人才能够深入研究自然规律，从事基础研究工作，学校着重强调对其基础知识的夯实和创新能力的培育。另一方面，注重培养应用型人才，即能够将自然规律成功转化为应用成果的“桥梁”人才，在培养过程中十分注重对学生实际应用和科技开发能力的提升。湖南大学则采用了独特的“2.5+1.5”或“3+1”培养方式。在前三年或前两年半的时间里，进行大类培养，让学生广泛涉猎不同学科领域的知识。之后再进行专业分流，使学生专注于特定专业的学习。同时，该校对课程学分设置有着明确的要求，规定大类共同课程学分需占总学分的 60% 以上，专业方向课程学分占 10% 左右，并且给予学生自由选课的权利，充分体现了对学生个性化发展的重视。

在当今全球化和科技飞速发展的时代背景下，培养具有国际视野和创新能力的科技人才成为我国高等教育的重要任务。部分高校敏锐地感知到这一趋势，积极与国外知名大学开展合作，通过中外合作培养模式，有力地推动了创新型科技人才的培养进程，显著扩大了学生的国际视野，并提高了其竞争力。上海交通大学与美国密歇根大学的合作堪称典范。两校合作成立了密歇根学院，在人才培养方面采取了一系列切实有效的举措。学院采用双语教学，使学生能够在两种语言环境中学习专业知识，在提升语言运用能力的同时，也更便于接触和理解国际前沿学术成果。使用与国外同步的教材，确保学生所学内容与国际先进水平保持一致。学分互认的方式则为学生提供了更灵活的学习路径，学生可以在两校之间进行交流学习，丰富学术经历。这些措施有力地促进了机械学科创新型人才的培养，为学生在国际舞台上的发展奠定了坚实基础。山东大学在研究生培养方面积极探索，提出了“一个学生、两个导师、三种经历”的培养模式。该模式高度注重国际化和竞争力的提升，一个学生配备两个导师，其中一个导师来自国内，另一个导师来自国外，充分整合国内外优质教育资源，为学生提供更全面的指导。“三种经历”则包括国内学习经历、国外学习经历和企业实践经历，使学生在不同的环境中积累丰富的经验，增强自身的竞争力。华中科技大学同样在中外合作培养方面成绩斐然。学校与多所国际知名大学合作，开设了中英、中美、中法、中澳等多个国际合作班。这些合作班通过联合培养的方式，致力于培养具有国际视野的科技人才。在合作过程中，双方高校共享优质教育资源，共同制订培养方案，为学生提供国际化的学习环境和交流机会。四川大学积极与国际一流大学开展合作，不断探索多样化的国际合作办学模式。通过合作，学校不仅在教学内容和方法上与国际接轨，还积极推动教育机制的国际化。这种全方位的合作促进了学校教学、研究水平的提高，也为学生提供了更广阔的发展空间。高校通过中外合作培养模式，充分利用国际资源和优质教育体系，在提高学生国际化水平与创新能力方面取得了显著成效。这些合作不仅为学生提供了宝贵的跨国学习和科研机会，还促进了我国高等教育在教育内容、方法和机制等方面与国际接轨，为培养具有国际视野和创新精神的科技人才提供了有力保障，对推动我国高等教育的国际化发展具有重要意义。

（二）专业设置的调整与课程体系的改革

在当今社会，社会经济与科技的迅猛发展深刻改变着人才需求格局。高校需要精准把握社会需求，明确培养方向，确保培养出的人才能够契合社会发展的实际需要。高校在进行创新型科技人才培养模式的改革时，应从专业设置与课程体系入手。通过调整和优化专业，强调交叉学科和优势学科的结合，不断提高人才培养的质量和水平，从而满足社会和科技发展对创新型科技人才的迫切需求。

专业设置是高校人才培养的基础环节，它直接关系学生所学专业与社会需求的匹配度。合理的专业设置能够引导学生学习符合社会发展需求的专业知识和技能。而课程体系则是实现人才培养目标的核心载体，精心设计的课程体系能够系统地传授专业知识，培养学生的综合能力。

高等学校人才培养模式的探索改革，通常以专业结构和课程体系的调整作为起点，这是因为专业结构和课程体系直接影响着人才培养的质量和方向。许多高校在创新型科技人才培养模式的探索中，高度重视专业设置与课程改革。一方面，积极调整和优化传统专业，挖掘传统专业的特色，使其在新时代背景下焕发出新的活力；另一方面，关注前沿交叉学科和优势学科领域的专业设置。前沿交叉学科的发展往往代表着科技创新的方向，优势学科则体现了高校的核心竞争力，将两者结合，能够培养出具有创新能力和核心竞争力的人才。

随着时代的发展和对创新型人才需求的增长，高等学校的课程体系改革势在必行。在课程体系的改革设计中，需要突破传统模式的束缚，积极推行通识教育和模块化课程。在改革过程中，需要注重课程的多样性、灵活性以及创新型人才的培养，并根据学校自身特色开展教育改革，为培养适应新时代需求的创新型人才提供有力支撑。在改革浪潮中，课程体系的方向发生了显著转变，突破了传统的“三层楼”模式，即基础课、专业基础课、专业课的固定架构，转而向“通识化”和“模块化”方向发展。通过建立以学年为基础的必修课与选修课混合课程制度，打破了以往课程设置的单一性。必修课保证了学生具备扎实的基础知识和专业素养，而选修课则为学生提供了根据自身兴趣和发展方向进行个性化学习的机会。在改革中，课程内容的多样性和课程选择的自由度方面体现出了较大的灵活性。学生可以根据自己的兴趣爱好、职业规划等自由选择课程，这种灵活性有助于激发学生的学习积极性和主动性。为了实现培养创新型人才的目标，很多学校将课程体系设计为若干模块。这些模块相互关联又各有侧重，从不同角度培养学生的知识和能力，力求培养出“宽口径、厚基础”的创新型人才。通过模块化的课程设置，学生能够接触广泛的知识，拓宽视野，提升综合素养，为创新能力的培养奠定坚实基础。一些研究型大学在课程体系改革中发挥了引领作用，它们确立了“通识教育基础上宽口径专业教育”的本科教育改革思路，基于这一思路，各研究型大学结合自身特色，开展了形式多样、各具特色的课程体系改革。如有的学校加强了跨学科课程的设置，目的在于促进学科之间的交叉融合，而有的学校注重实践课程的开发，则为了提升学生的实践能力和创新能力。

课程体系的改革与完善是提高人才培养质量、满足社会对创新型人才需求的关键环节。国内多所知名高校，如清华大学、华东师范大学、华中科技大学、华南理工大学、复旦大学和湖南大学等，在课程体系建设方面进行了积极且富有成效的探索，形成了各具特色的课程体系模式。

清华大学从两个角度完成本科课程体系构建。从横向来看，按学科大类构建学科基础和专业基础平台，这种方式打破了学科之间的壁垒，使学生在本科阶段就能接触广泛的学科基础知识，为后续的专业学习和跨学科研究奠定坚实基础。从纵向而言，按一级学科设置专业方向课程组，为学生提供了深入学习专业知识的途径，确保学生在专业领域有足够的深度。同时，还规定了跨学科、跨院系课程学分要求，这一举措有力地促进了学科之间的交叉融合，培养了学生的跨学科思维和综合素养，使学生能够适应未来复杂多变的社会和科研环境。

华东师范大学的课程模块涵盖通识教育平台、院系学科基础平台课程和专业课程。通识教育平台注重培养学生的人文素养、科学精神和社会责任感，拓宽学生的知识视野，使其具备全面发展的基础。院系学科基础平台课程则为学生提供了本专业领域的基础知识和技能，是学生深入学习专业知识的基石。专业课程则根据不同专业的特点和需求，培养学生的专业能力和创新思维。这种课程体系模式既保证了学生基础知识的掌握，又为学生的个性化发展提供了空间。

华中科技大学的课程体系致力于将通识教育与专业教育、人文教育与科学教育有机结合。课程分为通识教育课程、学科大类基础课程、专业课程、集中性大型实践教学和课外学分（创新学分）。通识教育课程旨在培养学生的综合素质和人文情怀，使学生具备良好的道德品质和社会适应能力。学科大类基础课程让学生在广泛的学科领域中打下坚实的基础，为后续的专业分流和学习提供保障。专业课程则注重培养学生的专业能力和实践技能。集中性大型实践教学环节，让学生将所学知识应用于实际，提升解决实际问题的能力。课外学分的设置则鼓励学生积极参与科研创新活动，培养学生的创新意识和创新能力。

华南理工大学的课程改革目标明确，即加强基础课程建设，将素质教育与专业教育相结合。其本科课程体系包括公共基础课、学科基础课程、专业领域课程、集中实践教学和第二课堂（创新学分）。公共基础课为学生提供了基本的知识和技能，是学生全面发展的基础。学科基础课程则进一步加深学生对专业领域基础知识的理解和掌握。专业领域课程注重培养学生的专业核心能力和实践能力。集中实践教学环节让学生在实践中巩固所学知识，提升动手能力。第二课堂的设置，鼓励学生参与各类实践活动、科研项目和创新创业竞赛，培养学生的综合素质和创新能力。

复旦大学的课程体系包括综合教育课程、文理基础教育课程、专业教育课程三大板块。综合教育课程涵盖了人文、社科、自然科学等多个领域，旨在培养学生的综合素养和批判性思维能力。文理基础教育课程注重培养学生的基础知识和基本技能，为学生的专业学习奠定坚实的基础。专业教育课程则根据不同专业的特点和需求，培养学生的专业能力和创新思维，使学生成为本专业领域的优秀人才。

湖南大学设置了“三平台”课程体系。通识教育课程平台注重培养学生的人文素养和科学精神，使学生具备全面发展的基础。专业课平台注重学生专业能力的培养，确保学生在专业领域有扎实的知识和技能。专业方向课平台则拓展学生的专业知识，具有灵活性、前瞻性、交叉性、专题性和小型化的特点。这一平台能够根据学科发展和社会需求及时调整课程内容，培养学生的创新思维和实践能力，使学生能够适应未来社会的发展变化。

这些高校在课程体系建设方面的探索和实践，为我国高等教育课程体系的改革提供了宝贵的经验。它们通过不同的课程体系设计思路和实践，从不同角度满足了学生全面发展和个性化发展的需求，致力于培养具有创新精神、实践能力和社会责任感的高素质人才。其他高校可以借鉴这些成功经验，结合自身的办学定位和特色，进一步优化课程体系，提高人才培养质量，为我国高等教育事业的发展作出更大的贡献。

（三）教学方式适应性转变与尝试性突破

在当今科技创新驱动发展的时代背景下，培养创新型科技人才成为高等教育的核心使命。创新型科技人才的培养目标在于塑造具备创新思维、创新能力以及扎实专业知识的科技人才。为达成这一目标，课程体系的设计需向模块化方向发展，教学内容应趋于综合化，同时教学方式必须与之适配并协同发展。

课堂教学方式的改革是实现创新型科技人才培养的关键环节。传统的“教师是演员，学生是观众”的灌输式教学方式已无法满足新时代人才培养的需求，正逐步被摒弃。取而代之的是一系列以学生为中心的新型教学方式，如探究式教学、研讨式教学、导学式教学和互动式教学。这些新的教学方式高度重视学生的主体地位，鼓励学生积极主动地提出问题、思考问题以及分析问题，激发学生的学习兴趣和创新潜能，培养学生独立思考和解决问题的能力。

教学方法改革已几乎成为所有高校未来发展的重点方向。众多高校也正在积极探索并实践中，大连理工大学便是其中的典型代表。在大连理工大学，高等数学、微积分等课程在主讲教师授课之后，由助教组织习题课和讨论课，让学生在实践和交流中深化对知识的理解。机械加工材料、金属材料学课程采用大课主讲后，其他教师分小班进行讨论，这种方式既保证了知识的系统传授，又促进了学生的个性化学习。机械原理课程采用工程案例教学，将抽象的理论知识与实际工程应用紧密结合，增强学生的实践能力和理论联系实际的能力。化工流体力学课程则设计成生活实际问题，组织学生进行研讨，引导学生运用所学知识解决现实问题。

高校在创新型科技人才培养过程中，通过课堂教学方式的变革以及教学方法的改革，不断探索适应时代需求的人才培养模式，为培养具有创新精神和实践能力的创新型科技人才奠定坚实基础。

2007 年，教育部和财政部联合启动了《国家大学生创新性实验计划》，作为高等学校本科教学质量与改革的关键构成部分，其意义十分重大。核心目的在于打破传统的灌输式教学方法的束缚，推动高等教育教学模式的创新变革。该计划的目标具有明确的指向性。一方面，致力于推广研究性学习和个性化培养的教学方式。在传统教学中，学生往往处于被动接受知识的地位，而研究性学习鼓励学生主动探索知识，个性化培养则关注学生的个体差异，充分发挥每个学生的潜能。另一方面，通过激发学生的主动性、积极性和创造性，培养学生的科研能力和创新兴趣。学生不再是知识的被动接受者，而是成为学习和研究的主体，主动参与知识的发现和创造过程。该计划构建了以问题和课题为核心的创新性教学模式。大力倡导以本科生为主体的创新性实验改革，积极鼓励学生尽早参与科学研究。这种模式下，学生不再局限于课堂上的理论学习，而是通过实际的课题研究，将理论知识与实践相结合，培养解决实际问题的能力。在实施过程中，高校为学生配备了专业导师。学生与导师共同拟定研究课题，随后成立研究团队，开展自主研究性学习。在整个研究过程中，学生需要自主设计实验方法，根据实验需求组织设备材料，亲自动手实施实验，并对实验数据进行深入分析。这一系列环节充分锻炼了学生的实践能力和科研思维。课题既可以由学生基于自身的兴趣和思考主动提出，也可以由学校组织教师编制并公布，供学生根据自身情况进行选择。这种多样化的课题来源方式，既能满足学生的个性化需求，又能确保课题的专业性和科学性。通过该计划的实施，学生在本科阶段便能得到科学研究和创新性实验的系统训练。在这个过程中，学生的发现问题能力、分析问题能力和解决问题能力得到显著提升，科研兴趣得以激发，创新思维得以培养，计划的目标得以有效实现，为培养创新型科技人才奠定了坚实基础。

（四）实验教学与科技创新实践平台的搭建

在创新人才的培养体系中，科技实践能力占据着举足轻重的地位。它是创新人才必备的核心素质之一，更是将创新思想转化为创新成果的关键桥梁。一个仅有创新想法，却缺乏将其付诸实践能力的人，难以真正推动科技的进步与创新。培养学生的科技实践技能，是培育创新型科技人才的关键环节。为学生提供充足的科技实践训练机会，能让他们在实践中积累经验、提升能力。在实践过程中，学生不仅能加深对理论知识的理解，还能锻炼解决实际问题的能力，激发创新灵感。我国高校当前主要通过两种形式对学生进行科研实践训练，即实验教学与课外科技创新活动。

1. 实验教学

第一课堂的实验教学内容丰富多样，涵盖了实验课、操作课、各类实习以及毕业设计等多个方面。实验课着重培养学生对基础理论知识的实践验证能力；操作课强调学生实际动手操作技能的提升；各类实习为学生提供了将所学知识应用于真实场景的机会；毕业设计则是对学生综合知识运用和创新能力的全面检验。在实验教学方法上，学生在教师的悉心指导下开展学习。学生借助设备和材料，通过具体操作促使实验对象发生变化，同时仔细观察现象的改变，以此获取新知识或者验证已有的知识体系。这种亲身体验和主动探索的学习方式，能极大地激发学生的学习积极性。

实验教学对于自然科学学科的教学意义重大，是提高教学质量的关键所在。它帮助学生打破了书本知识与实际知识之间的壁垒，使学生对知识有了更全面、更深入的理解。通过实验操作，学生不再局限于理论层面的认知，而是在实践中领悟知识的内涵。同时，实验教学还有助于培养学生的独立探索能力，让学生在不断尝试和探索中提升实验操作能力，激发他们对科学研究的浓厚兴趣，为未来从事科学研究奠定坚实基础。

在当今高等教育致力于培养创新型科技人才的大背景下，实验教学改革的重要性愈发凸显。

复旦大学在实验教学改革方面成果显著，实现了从实验技术型向研究科目型的转变，着力建设成“一体化、模块式、综合型、开放式”的实验教学体系。在生物学领域，复旦大学打破传统生物学实验课程的重复设置，这一举措有效整合了教学资源。学生不再重复进行相似的实验操作，而是在更具综合性和探索性的实验项目中，提升动手能力、创新能力和思维能力。例如，在遗传学实验中，学生不再局限于传统的验证性实验，而是参与具有研究性质的课题，从实验设计、数据采集到结果分析，全程自主探索，极大地激发了学生的科研兴趣和创新思维。

西北大学在化学实验教学改革方面也迈出了坚实的步伐，通过“创新性实验教学项目建设”，致力于提升学生的创新思维和综合素质。在实验教学方法上，摒弃传统的灌输式教学，采用启发式、探究式教学方法，引导学生主动思考和探索。在实验室开放模式上，实行更加灵活的开放制度，学生可以根据自己的兴趣和时间自主安排实验。在教学内容上，增加了具有创新性和挑战性的实验项目，推动了综合化学实验体系的建立。这些创新举措让学生在实验中不断挑战自我，提升了科研能力和创新素养。

大连理工大学则在工程训练改革中独树一帜。该校积极整合实验实践资源，高度注重学科交叉融合和综合性训练。在实践教学中，强调与科研、工业实际相结合，让学生在真实的工程环境中锻炼自己。例如，在机械工程专业的实践教学中，学生参与实际的科研项目和企业生产，将所学的理论知识应用到实际问题的解决中，培养了创新性和工程实践能力。这种将实践与科研、工业实际紧密结合的模式，使学生毕业后能够迅速适应工作岗位，为社会输送了大量具有实践能力和创新精神的工程技术人才。

复旦大学、西北大学和大连理工大学等高校通过对实验教学内容、方法、模式的改革，在提升学生的创新能力、科研素质和综合实践能力方面取得了显著成效。这些改革举措为创新型科技人才的培养奠定了坚实基础，也为其他高校提供了宝贵的经验借鉴，推动着我国高等教育在创新型人才培养道路上不断前行。

2. 课外科技创新活动

第二课堂课外科技创新活动是在第一课堂基础上的延伸，其作用不可小觑。在巩固知识层面，学生将课堂所学的基础知识运用到实践中，通过实际操作加深对理论知识的理解和记忆，达到巩固的效果；在科技意识方面，参与这些活动能让学生接触前沿科技动态，了解科技发展趋势，从而增强自身的科技意识；在科研能力上，从选题、设计方案到实施研究，整个过程锻炼了学生查阅文献、分析问题、解决问题等科研能力。更重要的是，它对学生创新精神和实践能力的培养至关重要。学生在科技创新实践中，通过不断尝试新方法、新思路，能够激发创新思维，培养创新精神。同时，通过亲自动手操作，将创意转化为实际成果，大大提升了实践能力。

在当今注重科技创新人才培养的时代背景下，国家和高等学校积极作为，为学生提供了丰富多彩的科技创新实践机会和平台。推出的多种科技创新竞赛活动和学生创新能力训练计划，旨在充分激发学生探索未知领域的兴趣，有效锻炼和全面提升学生的科技创新综合素质。

全国性的科技竞赛在培养学生科技创新能力方面发挥着关键作用。其中，影响较大的竞赛项目众多，如“挑战杯”全国大学生系列科技学术竞赛，鼓励学生在学术科技领域深入探索，挖掘创新潜能；全国大学生数学建模竞赛，锻炼学生运用数学知识解决实际问题的能力；全国大学生电子设计大赛，提高学生在电子技术领域的实践和创新水平；全国大学生机械创新设计大赛、全国大学生结构设计竞赛、全国大学生软件创新大赛等，分别聚焦于不同的专业领域，为学生提供了展示专业技能与创新能力的舞台。这些竞赛吸引了大量学生参与，已成为大学生展示科技创新能力的重要平台，在竞赛过程中，学生不仅提升了自身能力，还能与其他优秀学子交流切磋，拓宽视野。

地方政府与高校也纷纷加大对学生课外科技实践活动的支持力度。通过创建大学生科技创新实践基地，为学生提供实践场所，让学生能够将理论知识应用于实际操作；设立科技创新基金，为学生的科研项目提供资金支持，解决学生开展科研活动时面临的资金难题；搭建科技创新平台，促进学生之间、学生与教师之间的学术交流与合作。

此外，通过校园文化活动营造创新氛围也是行之有效的举措。高校可定期举办“大学生科技节”或“大学生科技创新周”等活动，在校园内营造出浓厚的支持创新的文化环境。在这些活动中，学生可以展示自己的科技创新成果，分享创新经验，激发更多同学参与科技创新的热情，成为学生参与科技创新的重要平台。这些举措共同为培养具有创新精神和实践能力的高素质人才奠定了坚实基础。

第二章　高校创新型科技人才培养现状与创新对策

第一节　高校创新型科技人才培养现状分析

一、我国高校创新型科技人才培养中存在的障碍

（一）传统文化中某些负面因素的潜在阻碍作用

在人类文明的长河中，我国传统文化源远流长，它是中国历经几千年的发展逐步形成、积累并流传下来的文化系统，即使在当代，依然深刻影响着文化的发展。我国传统文化具有鲜明的特征，主要体现为“内陆型”“农耕型”“宗法型”和“道统型”。“内陆型”文化深受我国独特的地理环境影响，孕育出内敛、包容的文化特质；“农耕型”文化则与长期的农耕生产方式紧密相连，形成了勤劳、质朴的民族品格；“宗法型”文化强调家族血缘关系，注重伦理秩序和家族传承；“道统型”文化尊崇传统的道德规范和思想体系，维持着社会的精神秩序。

传统文化的存在形式丰富多彩。它既以物化形态的文化物品，如古老的建筑、精美的艺术品、传统的手工艺品等，以及经典文献，如儒家的《论语》《孟子》，道家的《道德经》等客体形式存在，承载着历史的记忆和智慧，也以价值观、伦理道德、思维方式、性格特征等主体形式深深扎根于人们的内心。这些主体形式广泛嵌入社会的政治、经济、精神等各个领域，在政治制度的构建、经济活动的

开展以及社会精神风貌的塑造上都留下了深刻的文化印记。

教育与文化之间存在着紧密的内在联系。教育是文化得以延续与发展的必要手段，它通过一代又一代的知识传授和价值传承，确保文化的火种永不熄灭。而文化也通过其构成要素，如价值观念、思维方式、知识体系等，深刻影响着教育的目标、内容和方法。不同文化背景下的教育体系往往具有各自独特的特点，这正是文化对教育影响的具体体现。从文化的本质来看，所有文化都追求创造，中国传统文化也不例外，其中蕴含着丰富的创新意识和精神。例如，《礼记·大学》中“苟日新，日日新，又日新”的求新求变思想，激励着人们不断革新自我；《周易·系辞》中“穷则变，变则通，通则久”的理念，强调了变革与创新对于事物发展的重要性。这些思想为中国传统文化注入了创新的活力，推动着社会的进步与发展。

然而，不可忽视的是，中国传统文化虽然蕴含着伦理道德、人文理性、和谐观念等思想精髓，但也存在一些消极成分。在历史发展过程中，传统文化过分强调经学，使学术研究局限于对经典的阐释之中，缺乏对新知识、新领域的开拓；重群体轻个体的倾向，在一定程度上压抑了个体的个性和创造力；求同从众的文化心理，不利于培养独立思考和创新精神。这些消极成分对当今教育活动产生了不容忽视的影响，成为创新型科技人才培养中的隐性阻力。在教育过程中，过分强调经学可能导致学生思维定式，缺乏创新思维的培养；重群体轻个体、求同从众的文化观念，会抑制学生的个性发展和创新意识的激发。因此，在培养创新型科技人才的过程中，需要对传统文化进行批判性继承，取其精华，去其糟粕，充分发挥传统文化的积极作用，消除其消极影响，为创新型科技人才的培养营造良好的文化氛围。

比如，“天人合一”的价值取向源于中国深厚的农业文明，是中国传统哲学的重要理念。在这种价值取向的引导下，人们追求人与自然的和谐共生，这对于维护生态平衡、促进可持续发展具有积极意义。然而，从另一个角度来看，这种观念也容易使人们养成循规蹈矩、守旧复古的思维习惯，在面对新事物、新挑战时，缺乏主动探索和创新的勇气，抑制了个体的创造力。例如，在科技发展的进程中，若一味遵循传统的自然观念，可能会阻碍人们对新技术、新方法的尝试和突破。

传统宗法文化强调群体利益优先于个人利益，这一理念深受儒家“修己以安人”思想的影响。这种文化价值观在塑造民族精神方面发挥了重要作用，极大地促进了爱国主义和集体主义传统的形成。在社会发展过程中，集体主义精神能够凝聚人心，推动社会各项事业的进步，但过度强调群体利益，可能导致个体在群体中逐渐失去独立性和自主性，个人的个性和创新精神受到限制。由于个体行为往往受到群体角色的严格约束，因此难以充分发挥自身的独特优势和创造力，在传统文化的框架下，个体通常被设定为群体中的一个角色，其行为受到群体角色关系的支配。这种对群体价值的过度强调，使个体常常处于自我压抑的状态，在作出决策和行动时，考虑的是群体的规范和期望，而非自身的真实需求和想法。长此以往，个体的创造力发展受到严重制约，难以在创新领域取得突破。

泛道德主义是中国传统文化中一种重要的价值取向，它主张以道德为主导，认为所有问题的解决都应依赖道德途径，并且强调“善”优先于“美”和“真”。在这种观念的影响下，道德与伦理问题被置于社会生活的中心位置，贯穿政治、经济、文化等各个领域，深刻地影响了中国传统文化的发展脉络。例如，在传统的政治治理中，统治者往往将道德教化作为治国理政的重要手段，强调以德治国，认为通过道德的引导可以解决社会的各种矛盾和问题。传统文化对伦理与道德的尊崇达到了极高的程度，“德”在历代社会中都被视为衡量人才的重要标准，这鲜明地反映了对“善”的极度关注。在选拔人才、评价人物时，道德品质往往被放在首位，一个人的道德修养被认为比其才能和知识更为重要。这种对道德的过度强调，虽然在一定程度上有助于维护社会的道德秩序，但也可能导致对其他方面能力的忽视。“中庸之道”倡导“贵和尚中”，将其作为一种理想的秩序追求。然而，在长期的历史发展过程中，这种理念逐渐演变成一种保守理论。它过分强调平衡与稳定，害怕变革与冲突，从而阻碍了社会和事物的变化与发展。在面对新的思想、观念和变革时，“中庸之道”往往会成为一种阻力，使人们难以突破传统的束缚，接受新的事物。思想上推崇的“天不变，道亦不变”的守成思想，潜移默化地削弱了人们的冒险精神和创新意识。在这种思想的影响下，社会形成了一种缺乏个性的文化风气，人们习惯于遵循传统，不敢轻易尝试新的事物和方法，这无疑无法激励创新和独立人格的形成。

在深入剖析中国传统文化的思维方式时，整合性意象（直觉）思维作为其中的主导思维方式，不仅有着独特的内涵、表现形式，而且对社会发展产生了多方面影响。整合性意象思维具有鲜明的特性。首先是整体性，它着重关注事物之间的普遍联系，在认知和处理事物时，倾向于将其视为一个有机整体，进行模拟和整合。例如，中医理论将人体看作一个各脏腑经络相互关联的整体，通过望闻问切等方式综合判断人体的健康状况，而非孤立地看待某一症状。其次是体悟性，这种思维方式高度重视个体的体验，依赖直觉和心悟来把握事物，然而相对缺乏严谨的思辨过程。以道家对“道”的体悟为例，老子通过自身对自然和社会的观察感悟，提出“道可道，非常道”的观点，更多是基于内心的领悟，而非严密的逻辑推导。最后是内倾性，整合性意象思维更侧重于关注人伦关系，将主要精力放在人与人之间的关系处理和社会秩序的维护上，而对自然的探索和研究相对忽视，这在一定程度上导致了思维的封闭性和自我中心倾向。从思维工具和表现来看，整合性意象思维偏好运用空间、形象、模糊的工具。在思维操作过程中，直觉和心悟占据主导地位，使思维结果常常呈现出模糊性和混沌性。比如中国传统绘画，画家往往凭借对自然和生活的直观感受进行创作，画面中传达的意境和情感难以用精确的语言去描述，更多的是让欣赏者通过自身的直觉去体会。这种整合性思维方式具有一定优势，它有利于从宏观整体的角度去观察和研究事物，把握事物的总体发展趋势。但同时也存在诸多问题。一方面，它过度强调整体的关联性，却忽视了个体之间的独立性，因此对事物的分析不够深入细致；另一方面，缺乏深入探索事物本质的能力，更多地停留在经验科学层面，难以像西方科学那样，运用严密的逻辑和精确的研究方法去揭示事物的内在规律。在现代科技和理性思维发展的背景下，传统的整合性意象思维方式的局限性愈发凸显。现代科技的产生和发展依赖严密的理论体系、逻辑分析以及科学实验。而传统思维方式对科学理性和技术的忽视，导致了创新能力的抑制。由于缺乏严密的逻辑和精确的分析，传统思维方式形成了一种相对封闭的思维模式，难以适应现代科技发展的需求，也严重影响了创新精神的培养。因此，中国传统的整合性意象思维虽然在整体性和直觉性方面有着独特优势，但因其明显的局限性，忽视了科学的严谨性和技术的价值，对事物本质的认识带有较大的猜测性，缺乏精确的研究，难以有效促进创新和社会性创造。在当今时代，需要在继承传统文化思维优势的基础上，积极吸收现代科学思维的长处，以推动社会的全面发展。

在传统文化背景下，教育价值观呈现出独特特点。社会本位思想将集体和社会利益置于重要位置，个人在其中独立性较弱，常需服从集体意志。受传统文化熏陶，教育体系中个人独立个性缺乏，学生的个性不突出，在学习和生活中自主性不足。同时，权威至上的现象较为普遍，学生习惯于听从权威，缺乏自主思考和质疑精神。受教育者在这种环境下，容易迷信权威，面对新事物时怯于冒险，个性被磨灭，逐渐形成没有“棱角”的集体主义倾向。然而，这与现代教育理念，如素质教育强调培养学生的综合素质与个性发展、创新教育注重激发学生的创新思维、通识教育旨在拓宽学生知识视野等背道而驰。如今，虽然创新型科技人才培养已成为国家战略目标，但传统文化中的消极成分依旧在影响着教育思想和实践。这些传统观念阻碍了教育的创新发展，构成了创新型教育目标与实际实践之间的观念壁垒，亟待破除，以便更好地实现创新型人才培养。

（二）传统人才培养模式的惯性影响

在物理学领域，惯性是物体的一种基本属性。物体具有保持原有运动状态或静止状态的特性，这一特性在日常生活中随处可见。比如行驶中的机车，即使进行制动操作，由于惯性的存在，它不会立即停止，而是会继续滑行一段距离；静止的物体在不受外力作用时，会始终保持在原来的位置，不会随意移动。有趣的是，在社会系统中也存在类似的“惯性”现象。人才培养模式便是一个典型的例子。随着社会经济的发展和变革，对人才的需求也在不断发生变化。当这种需求改变时，教育主管机构或高校会积极探索并设计新的培养模式，以适应社会发展的需要。然而，旧的人才培养模式向新模式的转变并非一蹴而就，通常需要经历一段较长的时间，即所谓的过渡期或转型期。在这个过程中，旧模式的诸多要素依然在发挥作用。这些要素可能包括传统的教学理念、课程设置、评价体系等，它们往往具有一定的稳定性和延续性。在新模式尚未完全成熟并被广泛接受之前，旧模式的这些要素甚至会排斥某些变化，从而导致人才培养模式表现出惯性或惰性。这种惯性使新模式的推行面临重重困难，阻碍了人才培养模式的及时更新，难以迅速满足社会经济对人才的新需求。

新中国成立以来，我国高等教育的人才培养目标不断演变。最初是“政治化”取向，着重培养“又红又专”的人才，强调政治素养与专业技能的结合，契合当时国家建设的政治需求。随后，随着经济发展的需求凸显，人才培养目标转变为“经济化”取向的“一专多能”，在注重专业能力的同时，要求人才具备多种技能以适应经济建设的多样需求。如今，更强调“创新素质”取向，致力于培养“高素质创新型人才”，以契合科技创新驱动发展的时代潮流。在 20 世纪 90 年代中期之前，我国实行政府主导的教育模式，高等学校的培养模式多由政府统一规划，学校缺乏自主设计和创新的空间，形成了“千校一面”的现象，导致各高校人才培养同质化严重。到了90年代中期以后，社会主义市场经济体制初步确立，政府主导地位逐渐弱化，高校开始承担起人才培养模式设计与实施的主要责任。随着市场经济的持续发展，人才培养模式也开始呈现出多样性和个性化的特点。高等学校拥有了更多的自由度，能够依据自身特色、学科优势和社会需求，探索适合自身的培养模式，如校企合作、产学研结合等模式不断涌现。然而，尽管转型在积极推进，但过去政府主导的刚性化培养模式的惯性作用依然存在。人才培养模式涉及教育理念、课程体系、师资队伍等多方面的复杂因素，这些因素相互交织、相互影响，使人才培养模式的调整和完善需要耗费较长时间。钱学森曾指出中国没有一所大学能培养出杰出人才，根源在于缺乏创新性的培养模式，这深刻揭示了我国高等教育在创新型科技人才培养方面还有很长的路要走。

（三）创新型科技人才的培养存在认识误区

在创新型科技人才培养的进程中，准确理解和把握创新型科技人才的素质属性是关键的前提条件。只有先厘清什么是创新型科技人才的培养，才能为后续培养模式的科学设计提供坚实依据。

目前，在对创新型科技人才的认知上，普遍存在着一种误区——智力至上。许多人倾向于将智力因素作为判定创新型科技人才的主要标准，单纯地认为创新型科技人才必然是高智商人才，从而在人才培养过程中，过度聚焦于智力的开发，却严重忽视了非智力因素的培养。事实上，创新素质是一个由智力因素和非智力因素有机结合的综合系统。它涵盖了知识、技能、人格、动机和思维方式等多个维度。知识是创新的基础，丰富的知识储备能为创新提供更多素材；技能是将创新想法转化为实际成果的手段；人格特质，如坚韧不拔、勇于探索等，是创新过程中不可或缺的精神支撑；动机则是驱动创新行为的内在动力；独特的思维方式，如发散思维、批判性思维等，更是创新的核心要素。大量研究表明，智商和创造力之间的相关性处于0.4~0.6之间，呈现出中等程度的关联。这意味着，高智商并不等同于高创造力，高创造力的人也未必智力水平极高。高智商只是为创造力的发挥提供了一定的可能性，但要真正实现创新，还需要非智力因素的协同作用。因此，在创新型科技人才培养过程中，必须全面兼顾智力因素与非智力因素，避免陷入“智力至上”的误区，以培养出更多具备真正创新能力的科技人才。

在对创新型科技人才的认知中，还存在着一个显著误区，即片面认为只有高学历人才才能成为创新型科技人才，而严重忽视了本科、专科层次学生的潜力。实际上，学历仅仅反映了一个人的知识水平和知识储量，并不能完全等同于创新能力。创新型科技人才的成长，还需要具备诸多其他素质。比如：合理的知识结构，使其能够融会贯通不同领域知识；灵活的思维方式，助力突破常规思维局限；创新驱动的个性特征，提供源源不断的创新动力；实践能力，将创新想法转化为实际成果。创新型人才的素质开发是一个分阶段的过程，并非仅靠学校教育就能一蹴而就。它不仅依赖各级学校的教育培养，让学生在校园中打下知识和能力基础，还需要通过长期的职业实践来积累经验，在实际工作中不断磨炼和提升创新能力。本科教育在这一过程中尤为重要。本科阶段是学生专业知识积累、职业能力培养、思维模式塑造以及个性品格形成的关键时期。这个阶段所奠定的基础，将深刻影响学生未来的职业生涯发展和创新能力的形成。所以，不能因学历而忽视本科层次学生成为创新型科技人才的潜力，应重视各层次人才培养，挖掘每个人的创新潜能。

在创新型科技人才培养的认知中，还存在第三个误区：有人认为只有“名牌”大学或少数精英才能培养出创新型科技人才。不可否认，“985工程”和“211工程”等高等院校，也就是通常所说的“名牌”大学，在创新型科技人才培养上确实具备显著优势。它们能获得更丰富的资源、充足的资金以及政策的大力支持，拥有顶尖的师资队伍、先进的科研设备和浓厚的学术氛围。但这些优势并不能成为认定只有它们才能培养创新型科技人才的依据。从本质上讲，创新是每个人的本能，人人都具备创造的潜力。霍华德·加德纳（Howard Gardner）的多元智力理论表明，每个人的智力都有其独特的表现形式，只要给予适当的外部刺激，并通过自身努力，都能够发展出创新能力。心理学家的研究也指出，创造性思维是人类的固有本性，每个人都潜藏着创造性思维的能力。这意味着创新并非少数人的专属，其培养应面向更广泛的群体，而不是局限于少数学生或特定学校。因此，创新型科技人才的培养不应被少数学校和学生主导，而应致力于为每个学生搭建成长为创新型人才的平台，提供平等的机会，挖掘和激发每一个学生的创新潜能。

（四）创新型科技人才培养的某些协同条件建设相对滞后

创新型科技人才的培养绝非简单之事，而是一个复杂的系统工程，需要多个因素协同作用。其中，科学设计人才培养模式固然关键，但其他因素同样不可或缺。政策导向发挥着重要的引领作用，合理的政策能为创新型科技人才培养指明方向，提供资源支持与保障。社会舆论氛围也不容小觑，积极鼓励创新、包容失败的舆论环境，能激发学生投身创新的热情。高校制度建设关乎学校管理与运行机制，完善的制度能营造良好的学术生态，促进创新活动开展。教师队伍培养则是核心，高素质、富有创新精神的教师能有效引导学生提升创新能力。此外，科学与工程技术教育基地的建设，为学生提供了实践与创新的平台，让理论知识得以应用与深化。这些条件因素，无论是直接作用于学生的创新学习过程，还是通过影响学校、教师等间接塑造学生的创新素质，都在创新型科技人才培养中扮演着重要角色。然而，一旦某些协同条件建设滞后，比如教育基地建设缓慢、教师培训体系不完善等，就可能阻碍特定人才培养模式功能的充分发挥，进而影响创新型科技人才培养的质量与效率。

在创新型科技人才培养的进程中，存在诸多有待完善之处。

从国家政策层面来看，虽已确立创新型科技人才培养的总体战略目标和数量目标，为人才培养指明了宏观方向，但缺乏专门的行动计划。高校在落实人才培养工作时，缺乏明确的、可操作的具体指导，难以将目标有效转化为切实可行的培养举措。

高校内部制度建设也面临挑战。教师教学与科研之间的矛盾长期存在且难以有效化解，缺乏合理的平衡机制。科研成果往往在教师的考核、晋升等方面占据较大比重，这导致教师将大量精力投入科研，而对教学有所忽视，影响了教师积极参与创新型科技人才培养的热情，毕竟教学是人才培养的关键环节，教师精力分配失衡不利于创新型人才的培育。

师资力量虽有一定程度的提高，然而，如何依据创新型科技人才的需求，打造一支具有创新引导力的教师队伍，仍是当前的关键任务。创新型科技人才需要教师具备前沿的知识、创新的思维和引导学生探索未知的能力，现有师资在这些方面仍有提升空间。

在科学与工程实践训练方面，部分高校虽开展了竞赛和社会实践活动，但缺乏常态化的机制保障。这使实践训练难以持续、稳定地进行，学生创新素质培育所需的实践机会不足，无法充分锻炼学生将理论知识应用于实际的能力，限制了创新型科技人才的成长。

此外，加强学校与社会的互动，借助社会力量为学生提供更多实践训练机会，是创新型科技人才培养的关键条件。社会蕴含丰富的资源和实际项目，学校与社会的深度合作能让学生接触真实的科技应用场景，提升实践能力。

创新型科技人才的培养是一个系统工程，不仅要优化人才培养模式本身，还需加强与之相关的管理制度完善、师资队伍建设以及文化环境营造等配套工作。

只有全方位协同建设，才能确保创新教育理念落地生根，提高培养模式的效率，在学生科技创新素质培育中发挥积极作用。

（五）创新型科技人才培养受到教育功利化的干扰

教育功利化，是指教育活动逐渐偏离其原本的理念与目标，过度倾向于实用主义或庸俗功利主义。这一现象对教育的健康发展产生了诸多负面影响。近年来，中国高等教育取得了迅猛发展，规模不断扩大，学科体系日益完善。然而，在快速发展的背后，教育功利化的倾向也逐渐显现。回顾历史，中国近现代社会长期处于动荡之中，“经世致用”的传统思维根深蒂固，在一定程度上限制了高等教育的发展方向。使高等教育过度聚焦于科学的“使用价值”，比如只看重科学知识能否直接应用于生产实践、创造经济效益，而忽视了科学本身所蕴含的内在“价值”，如对真理的追求、对人类认知边界的拓展等。

在现实中，功利主义在高等教育领域有着诸多表现。在学术研究方面，部分学者的研究不再单纯为了学术的发展与进步，而是转向追求个人利益，如为了获取更多科研经费、提升职称等。这种现象不仅影响了学术研究的质量，也破坏了学术生态环境。同时，整个社会环境也在潜移默化中影响着教育价值观，使功利主义思想在校园中蔓延。

高等教育中的职业化倾向愈发严重。学校过度强调培养“紧俏人才”，将提高就业率作为重要目标。这导致一些学校盲目跟风设置热门专业，而忽视了自身的特色与优势学科建设。教育主管部门也常将专业设置与就业率挂钩，进一步加剧了这种功利化趋势。

大学生在就业压力下，也深受教育功利化的影响。他们过于关注职业技能的培养和各类证书的考取，考各种职业资格证、备考公务员成为校园中的主流趋势。这种现象使学生的学习态度和目的变得十分功利，他们更多的是为了应对就业需求而学习，而非出于对知识的热爱和对自身能力的全面提升。这无疑影响了学生的学习深度和广度，让他们失去了学术的追求和创新的激情，偏离了教育的本质目标。

教育功利化倾向在我国高等教育中日益显著，其带来的负面影响不容忽视。高校需要反思并采取措施，扭转这种功利化趋势，回归教育的本质，培养具有全面素养和独立思考能力的人才。

二、我国高校创新型科技人才培养中存在的问题

（一）人才培养方案存在的问题

人才培养方案是高等学校依据国家要求，对学生培养活动进行的总体设计。其内容广泛，包含指导思想、基本原则、培养目标、课程体系以及教学安排等，是学校开展教学活动的主要依据，对学生的成长和发展起着关键作用。

在创新型科技人才培养目标上，大多数高校在其人才培养方案中都着重强调对学生创新精神、创新意识、实践能力以及综合素质的培养。然而，普遍存在的问题是，缺少具体的创新型人才素质培养框架。这使培养目标虽有方向，但缺乏具体的实施路径。

高校在人才培养过程中，还缺乏对不同类型人才基本素质特征的深入研究。即使有相关研究成果，也未能很好地转化并应用到人才培养实践当中。在课程设置方面，人才培养方案主要围绕课程设置、学时、学分等展开，却缺少具体的创新素质培养规划和执行路线。这导致无法全面体现对学生多维素质要素的系统开发与指导，难以充分挖掘学生的创新潜力。

当前高等学校的人才培养方案在创新型科技人才的素质培养方面存在明显不足。由于缺乏具体可操作的规划和执行策略，虽然培养目标有一定前瞻性，但因缺少明确框架和系统性指导，致使培养方案较为笼统，难以有效开发学生的创

新能力和多维素质。

（二）课程体系设置存在的问题

1. 通识教育课程设置欠佳

在国内高校教育体系中，通识教育虽理论上占据重要地位，然而在实际实施过程中效果远未达到预期。从课程内容来看，存在着严重缺陷，未能真正彰显通识教育的精神内涵。现有的通识课程大多集中在思想修养、工具技能（如外语、计算机）以及基础自然科学（如数理化）等领域。这种课程设置过于局限，无法满足创新型科技人才培养的多元化需求，未能构建起一套全面且符合创新型科技人才成长规律的知识体系。在培养创新型人才的过程中，全面的知识架构至关重要，而单一的通识课程内容显然无法为学生提供足够的知识养分。

此外，通识教育与专业教育的衔接也存在明显问题。当前，通识课程往往被看作拓宽学生兴趣的辅助课程，未被视为本科教育的核心组成部分。但理想的通识教育应与专业教育紧密相连、互为支撑。通过通识教育，学生能够理解专业学习的深层次意义，明确“应该做什么”和“为什么做”，从而为专业学习提供强大的动力和清晰的方向。然而，由于两者衔接不畅，通识教育的目标功能难以有效实现。通识教育本应构建起广博精深的知识体系，培养学生富有人文气质的科学品格，但在实际情况中，这一目标因与专业课程的脱节而大打折扣，严重影响了创新型科技人才的培养质量。

2. 科学创新方法论课程设置存在盲点

在理工科高校教育体系中，科学创新方法论课程的缺失是一个亟待重视的问题。目前，大部分理工科高校尚未开设专门的科学创新方法论课程，致使创新思维和技法的训练在课程体系中难觅踪迹。

创新思维对于创新型科技人才的培养至关重要。发散思维能帮助人才突破常规思维局限，辐合思维有助于整合信息得出结论，逆向思维可从反向角度思考问题，联想思维则能建立事物间的联系。这些思维方法共同构成创新型科技人才的核心素质之一。创新思维是创新素质的核心，而创新技能则是将创新想法转化为实际成果的关键。研究显示，众多诺贝尔奖获得者的成就离不开创新方法，其中科学方法的创新更是起着关键作用。

科学创新方法论课程在当下高校理工科教育中存在明显盲点，这无疑会对创新型科技人才的培养产生直接的负面影响。为提升科技人才的创新能力，创新思维和创新技法的训练应该成为课程体系的重要组成部分，助力培养适应时代需求的创新型科技人才。

3. 学科前沿和交叉边缘学科知识的缺失

在高等教育体系中，本科教育是培养高素质人才的关键阶段。然而，当下许多高校的本科教育存在学科前沿和交叉边缘学科知识缺失的情况。大多数高校的本科课程设置中，学科前沿知识和交叉学科知识未能得到充分的展现与传授。创新型科技人才的知识体系极为复杂，这些知识成分在创新型科技人才的知识体系里，有着各自独特的地位和作用。其中，学科前沿知识和交叉学科知识尤为关键，它们能引领科技的突破与创新。对本科生开展学科前沿知识和交叉学科知识教育，有着不可忽视的重要性。通过学习这些知识，学生能提前洞察学科领域未来的发展走向，明确当下的热点、难点问题，从而激发自身探索未知的兴趣和强烈的求知欲，为日后的创新实践打下基础。从现状调查来看，不少高校在研究生教育阶段开设了相关课程，但本科教育中，除少数高水平大学外，大部分学校都未设置有关学科前沿和交叉学科知识的课程。

此外，在当今高等教育体系里，课程教材内容更新滞后问题愈发凸显，部分高校教材的更新速度，与迅猛发展的科学技术相比，存在巨大差距。以基础物理学科为例，许多高校使用的基础物理教材，内容仍停留在 20 世纪初的物理学发展阶段。如相对论、量子力学等现代物理学的重大成果，在教材中只是以附录或简单介绍的形式呈现，无法让学生系统学习。这种滞后的教材内容，严重阻碍了学生对前沿知识的获取。霍裕平院士明确提出，基础物理教育现代化势在必行。基础物理教材不仅要涵盖力学、电磁学等传统经典内容，更应纳入原子分子结构、量子物理、核物理等现代物理学知识，以及这些知识与高新技术的关联内容。通过更新教材内容，能让学生接触前沿知识，在现代科学发展水平的基础上进行思考和创新，进而提升创新能力。可见，基础物理教材内容必须尽快跟上科学技术发展步伐，引入现代物理知识，对提升学生创新思维和深化科学理解而言十分重要。

本科教育在学科前沿知识和交叉学科知识的教育上存在明显短板，这对创新型科技人才的培养极为不利。适当增加这些课程内容，能助力学生明确学科未来发展方向，激发创新意识和探索精神，提升潜在创新型科技人才的综合素质。

（三）课堂教学方式存在的问题

在我国教育体系中，传统教育模式深受传统文化的影响。传统教育以知识传授为核心目标，着重强调知识的接受性，学生在教学过程中处于被动地位，其独立人格的培养以及创造性思维的发展未得到足够重视。在这种模式下，学生习惯于被动接受知识，缺乏主动探索和思考的能力。当前，我国高校虽已积极引入启发式、研讨式等新型教学方法，但课堂教学依旧以传统讲授式为主导，创新型教学形式应用范围较为有限。讲授式教学将教学过程简单视为知识的积累过程，教师单方面讲授，学生被动接受，忽略了学生主动吸收知识的过程以及对学生思维的启发，极大地限制了学生的个性发展、想象力与创造力。传统教学以教材和课堂为中心，教师主导知识的传授，这种方式虽具备较强的系统性，但学生只能被动适应，难以主动建构知识体系，思维的深度和广度均受到限制。讲授式教学模式也与主体性、平等性、民主性等现代教育原则难以契合，课堂上师生互动不足，教师与学生的角色功能失衡，不利于培养学生的创新能力。此外，讲授式教学主要侧重于培养学生的逻辑思维，而发散思维、逆向思维等创新性思维方式难以得到激发，学生在知识获取过程中缺乏创造性实践。这致使学生在面对复杂多变的现实问题时，往往缺乏创新思维和解决问题的能力。传统教育模式存在诸多弊端，严重阻碍了创新教育的推进。若想培养出具有创新能力的高素质人才，就必须对传统教育模式进行改革，大力推广创新型教学形式。

在高等教育持续向创新与发展迈进的当下，新教学方法的引入为培养创新型科技人才开辟了新的路径。然而，目前部分高校虽已逐步尝试采用新的教学方法，如启发式、研讨式等，但这些方法的总体应用频率和范围仍较为有限。

从教师层面来看，新教学方法对教师能力提出了更高的要求。在新的教学模式下，教师不仅要传授知识，更要引导学生自主探索和思考，这意味着教师需承担更多责任，拥有更全面的知识储备和更强的教学能力。但现实情况是，许多教师在教学方法上缺乏基本训练，既没有足够的教学改革经验，也不具备相应的改革能力。面对新教学方法带来的挑战，部分教师存在畏难心理，担心无法驾驭新的教学模式，从而更倾向于继续沿用传统的讲授式教学模式。学生也是新教学方法推广过程中的一个重要影响因素。由于长期受传统教学模式的影响，学生对新教学方法的准备不足，参与意识较为薄弱。在新教学方法中，学生需要更主动地参与课堂讨论、小组合作等活动，但部分学生难以适应这种转变，导致新教学方法难以达到预期的实施效果。学校管理方面同样存在问题。由于学校缺乏针对教学方法改革的制度性规定和激励机制，就使教师在进行教学改革创新时缺乏动力。没有明确的政策引导和物质或精神上的激励，教师去尝试新的教学方法，开展教学改革的积极性便会大打折扣。

教师、学生和学校管理等多方面的限制因素相互交织，共同构成教学方式改革的瓶颈。这一现状严重阻碍创新型科技人才培养的深入推进，亟待各方共同努力，突破障碍，推动新教学方法的广泛应用。

（四）科技实践训练存在的问题

近年来，国家与高校对学生第二课堂的科技创新活动给予了高度重视，积极推动各类创新实践项目的开展。然而，科技实践训练机会匮乏的问题依然突出，严重制约了创新型科技人才的培养。

高校层面，虽然已充分认识到科技实践能力训练的重要性，但在人才培养方案中，缺乏系统性和持续性的规划。理论知识学习占据了大量的时间和精力，而实践训练的安排却相对零散，无法形成连贯的体系，致使理论与实践失衡，学生难以将所学知识有效地应用于实际创新活动中。

全国性和地方性的科技创新竞赛以及基金项目，为部分优秀学生提供了宝贵的实践机会。但由于资源有限，参与门槛较高，大多数学生难以从中受益。这既限制了学生群体整体创新能力的提升，也使科技创新活动的覆盖面较小，无法充分点燃全体学生的创新热情。

第一课堂的实验教学虽具备一定的科技实践功能，但实验内容多为验证性实验，学生只需按照既定步骤操作，自由探索的空间极为有限。这种模式难以激发学生的好奇心和探索欲望，降低了他们对实验的兴趣和创新精神，无法满足培养创新型科技人才的需求。

毕业实习是学生将所学知识与实际工作相结合的重要环节，对提升学生的工作能力有一定帮助。但目前大多数高校未能与高新技术企业、科研机构等建立紧密的合作机制，实习往往流于形式，仅被当作普通的生产实践，未能充分挖掘其对科技创新能力培养的潜在价值，忽视了在实习中引导学生接触前沿科技、参与创新实践的重要性。

综上所述，尽管高校和相关部门在科技创新活动上投入了诸多关注，但科技实践平台资源分配不均、第一课堂和毕业实习在培养科技创新能力方面存在明显短板，导致学生创新实践素质发展失衡，建立更系统、可持续的创新人才培养机制已迫在眉睫。

此外，在当前国内的教育实践中，学生在参与实践活动时，普遍陷入“被动实践”的困境。实践活动的各个关键环节，诸如实践对象的选择、方法的运用以及程序的设定，几乎全由教师一手包办。学生只能在教师预先划定的框架内，按部就班地完成既定任务，严重缺乏自主性。在这样的被动实践模式下，学生难以真正成为实践主体，参与过程类似于机械地“做习题”，只是简单执行教师的指令，几乎没有自主探索的空间。这种缺乏主动性的实践活动，不仅极大地限制了学生个人能力的发展，更对学生的创新思维形成了严重的压制。创新思维需要在自由探索、不断试错的过程中逐渐形成，而被动实践使学生习惯于依赖教师的指导，不敢也不会主动去探寻新的可能性，创新潜力被深深抑制。从更广泛的视角来看，被动实践还限制了学生创新能力素质的提升。其质疑力、洞察力、推理力、分析力以及团队协同力等创新能力，都难以在这种被动模式下得到充分施展。长此以往，学生难以培养出全面的创新素质，这对其未来在学术研究、职业发展等方面的长远发展极为不利，也难以满足社会对创新型人才的需求。

（五）学生评价体系存在的问题

学生评价在教育过程中扮演着关键角色，它是教育、引导和促进学生成长的重要方式。通过学生评价，人才培养目标得以具象化。在高等学校创新型科技人才培养语境下，与之适配的学生评价体系不可或缺。科学的评价体系能够精准衡量学生在创新能力、科研素养等方面的发展，为人才培养提供有效反馈。但目前，国内高校现行的学生评价体系，仍然存在明显不足。

1. 评价体系的异化

学生评价本应是促进学生学习与成长的有力工具，其核心目的在于助力学生实现知识、技能、品德等全面发展。然而，当下许多高校的学生评价目的发生了异化。评价的侧重点逐渐偏向于选拔功能，主要通过各类测试和诊断，对学生进行等级划分，其结果更多地成为奖学金评定、“三好学生”评选等活动的重要依据，使学生评价偏离了原本促进学生成长的轨道。

评价过程中，过度关注结果的问题也十分突出。学生评价时往往将分数作为主要衡量标准，导致学生将大量精力集中在追求高分上，而忽视了学习过程中自身创新素质的培养和发展。学习变成单纯为了获取分数而进行的机械行为，学生缺乏深入探究知识的热情，难以形成创新思维和创新能力。

评价体系侧重于选拔而非个人发展，对学生的个性发展产生了负面影响。为了在评价中获得更高等级，学生可能不得不牺牲自己的兴趣爱好，将更多时间和精力投入应试学习。部分学生甚至会因过度追求分数，而忽视自身的身心发展，更有甚者，可能采取不正当手段获取高分，这对学生的价值观和人格塑造极为不利。

此外，低评价等级的学生很容易被贴上“差生”的标签，这不仅会打击他们的自信心，还可能使他们失去学习的动力，对学习产生抵触情绪。这种负面效应进一步阻碍了学生的健康发展，使他们在成长道路上陷入困境。

当前学生评价体系的异化现象，过度聚焦结果和选拔，严重忽视了学生学习过程、能力培养以及人格塑造。这种评价方式不仅抑制了学生的个性发展，还削弱了他们的创新动力，同时对学生的心理健康产生了诸多不利影响，亟待改革与完善。

2. 评价内容的片面化与评价方式的机械化

在教育领域，评价体系对人才培养起着关键的导向作用。当下推行的“综合素质评价”体系，虽然涵盖德、智、体、美等多个维度，旨在全面评估学生发展，但比照创新型科技人才培养目标，仍存在明显的片面性。创新型科技人才所需的创新意识、创新精神等关键素质，诸如探索精神、独立性、团队合作能力等，在该评价体系中未能得到充分体现。这使评价无法精准衡量学生在创新领域的潜力与发展，难以有效引导学生向创新型科技人才方向成长。

现行评价方式还存在机械化的弊端。常见的测量评价、纸笔测试等，过度关注学生对记忆性知识的掌握程度和考试成绩，而对于学生的创造性思维、分析问题与解决问题的能力考察不足。这种评价方式无法激发学生主动思考、探索未知的热情，不利于培养学生的独立性和创新精神，与创新型科技人才培养要求背道而驰。在知识快速更新的时代，单纯依靠记忆知识已无法满足创新需求，而现行评价方式却未能及时作出调整。

此外，在学科专业差异显著的大背景下，综合性评价未能充分考量不同学生群体的个性需求。不管是理工科学生对科研创新能力的培养需求，还是文科学生对批判性思维和创意表达的需求，都没有在评价标准中得到针对性的体现。评价标准缺乏灵活性和针对性，无法满足不同专业学生的发展需求，阻碍了学生个性化发展和创新能力的提升。

当前的“综合素质评价”体系和评价方式，因存在片面化与机械化的问题，严重制约了创新型科技人才的培养。要改变这一现状，未来的评价体系需高度关注与创新素质相关的隐性与显性素质，全面考量学生在创新思维、实践能力等方面的表现。同时，采用更具针对性和灵活性的评价方法，根据不同学科专业特点和学生群体需求，制定差异化的评价标准，以有效促进学生的独立性、创新能力和个性化发展，为创新型科技人才培养提供有力支持。

3. 评价过程简单化与评价结果终结化

评价过程存在简单化倾向。目前，高校学生评价主要由任课教师和辅导员承担，整个评价流程缺乏清晰明确的制度规范。实际操作中，评价往往仅依据成绩、考勤等单一维度，创新素质、兴趣爱好、学习动机、理解能力等多方面的表现则被忽视。这种简单化的评价方式，无法全面、准确地反映学生的真实情况，不利于挖掘学生的潜力和特长。

评价结果呈现终结化特点，大多注重学期结束时的结果评价，过于关注最终的成绩和分数，却对学生素质形成的整个过程缺乏关注。学生在学习过程中的努力、进步以及遇到的困难等情况都被忽视，使评价无法为学生的持续发展提供有效的指导和反馈。

从评价主体来看，教师和辅导员存在一定局限性。他们由于缺乏对学生教育全过程的跟踪，难以全面了解学生的发展变化，并且评价过程中缺乏有效的沟通与反馈机制，不能帮助学生清晰地认识自身的优缺点，无法引导学生进行自我反思和改进，双向互动的教育闭环无法形成。

在评价方法和理论方面，高校教师普遍缺乏专门的学生评价方法培训，教育理论界对学生评价方法的研究也不够系统深入，致使国内的评价模式与先进国家的实践存在较大差距，无法满足新时代人才培养的需求。

为了完善高校学生评价体系，首先应将过程性评价与终结性评价有机结合，全面考量学生在整个学习过程中的表现，避免过度依赖成绩和分数。其次，高校要加强对学生评价方法的理论研究，并将研究成果积极应用于实践，同时提升教师和辅导员的评价能力，增强教育过程中的互动性与双向性。此外，学生评价体系应更加注重学生的全面发展，特别是创新素质的培养，引导学生进行自我反思，促进其持续成长。唯其如此，方能构建科学合理的学生评价体系，为高校人才培养提供有力支撑，让评价真正成为人才成长的“助推器”，助力学生在科技创新的浪潮中乘风破浪、勇立潮头。

第二节　高校创新型科技人才培养的创新对策

一、优化学科专业结构

（一）高校优化学科专业结构的必要性

高校各项功能的有效发挥，主要依托于学科专业。学科专业堪称学校发展的“引擎”，驱动着教学、科研等活动的有序开展。高校优化学科专业结构，能实现学科间的交叉、渗透与融合。不同学科的知识相互碰撞，能为学生提供更广阔的视野和孕育创新思维的土壤。高等学校通过学科专业的调整与融合，目标聚焦于提升自主创新能力，深度推动人才培养模式的改革。此改革致力于促使人才培养从粗放型向集约型转变，不再单纯追求规模扩张，而是将重点放在质量提升上。通过优化资源配置，提高人才培养的效率和质量，为社会输送更多高素质的创新型科技人才，精准对接社会发展对创新人才的迫切需求。

首先，在社会经济、科技文化持续发展的宏观背景下，高等学校的功能正不断拓展，已从传统的教学、科研领域，延伸至社会服务、文化传承创新等多元范畴，其学科专业结构也随之变得愈发复杂。当前，学科专业之间呈现出高度综合化的显著趋势。在实际生产和社会运行中，诸多问题具有综合性和复杂性，绝非单一学科所能独立解决。这种综合化趋势旨在化解学科孤立划分与现实需求之间的矛盾，促进不同学科知识的交流与协同。科技与文化的深度融合，使社会对人才的需求发生了深刻变化。高等学校若仍局限于传统人才培养目标，仅关注单一学科背景人才的塑造，已难以适应时代需求。当下，培养具有跨学科背景的人才成为必然要求。这类人才能够整合多学科知识，灵活应对复杂多变的社会挑战，在科技创新、文化发展等领域发挥独特作用。为了培养创新型科技人才，高等学校需要推进课程设置改革，打破传统学科边界，将具有内在逻辑联系的学科知识重新整合，构建全新的课程结构。虽然这一过程不可避免地会与传统学科专业的独立性产生冲突，但对于学生构建适应科技创新的知识体系而言却极为关键。通过跨学科课程的学习，学生能够打破学科壁垒，培养创新思维和综合运用知识的能力。面对上述变革，高等学校在专业建设方面面临新的挑战。在理念上，需从传统的单一学科思维向跨学科融合思维转变；在体制上，要打破院系之间的界限，建立协同合作机制；在管理制度上，要创新评价体系，鼓励教师开展跨学科教学与研究。只有全方位进行探索和调整，高等学校才能适应时代发展需求，为社会培养出更多优秀的创新型科技人才。

其次，提升高等学校的科技创新能力，对培养创新型科技人才意义重大，而实现这一目标，需以优化学科专业结构为支撑。学科专业结构的优化既能促进知识创新，让不同学科知识相互碰撞，催生新的学术观点和理论，还能助力技术创新，整合多学科技术，加速科研成果转化。同时，它对公共服务平台建设也有积极意义，能为科研合作与成果应用提供更好的支撑。为实现这些目标，需改革和完善现有的人才培养及科研组织形式。探索以学科、项目、技术和产品为纽带，组建多学科集成的科技创新团队，聚合各学科优势，提升科研效率与创新能力。此外，优化学科结构还有利于新兴学科的发展。凭借其前沿性和创新性，新兴学科在部分领域逐渐替代传统学科的主导地位，使人才培养与经济、产业结构调整更好地匹配，为社会发展输送符合需求的创新型人才，推动高等学校在科技创新和人才培养方面迈向新高度。

最后，创新型科技人才培养模式的改革与高校学科专业结构的调整密不可分。真正高质量的教育必须契合经济、社会和科技发展的需求，同时满足学生成长的需要。依托多学科交叉融合的环境，学生能够博采众长，获得全面的素质发展条件，从而更好地适应未来社会的复杂需求。这种改革不仅提升了教育的实效性，也为创新型人才的培养奠定了坚实基础。

（二）学科专业结构合理性的评判标准

学科专业结构并非静态不变，而是具有显著的动态性。在不同时代背景以及各国国情的影响下，学科专业结构不断调整，始终处于发展变化之中，不存在放之四海而皆准的绝对标准。从历史发展维度审视，学科专业结构紧扣时代需求而演变。在中世纪，大学的学科专业结构主要围绕神学、法学、医学等展开，以满足当时社会对宗教、法律和医学人才的需求。但在科技飞速发展、社会需求日益多元化的今天，这种结构显然无法适应。同样，从横向国际比较维度来看，由于经济发展水平、文化传统、战略需求的差异，不同国家学科和专业结构也各不相同，不存在统一的标准。比如，科技强国可能侧重于理工科专业的建设，以推动科技创新；而文化底蕴深厚的国家则可能更注重人文社科领域的发展。尽管学科专业结构没有固定标准，但在一定时期和条件下，高等学校存在着最优的学科专业配置，也有科学合理的评判标准。衡量学科专业结构是否科学合理，首先要看其是否有利于学校的长远发展以及办学目标的达成。合理的结构能为学校的持续进步提供动力，确保学校朝着既定目标稳步前行。其次，要看是否有利于形成学校的优势学科和学科群。优势学科和学科群既能提升学校的学术声誉，还能汇聚优质资源，促进学科交叉融合。最后，要看是否有利于高等学校特色的形成与人才培养。独特的学科专业结构有助于形成学校特色，培养出具有竞争力的特色人才。

构建科学合理的学科专业结构，需要综合考量学校长远发展、优势学科形成和特色人才培养等因素。只有这样，才能为创新型科技人才的培养筑牢根基，推动高等教育更好地服务于社会发展。

（三）高校学科专业结构优化的关键措施

在现实中，没有任何一所高等学校能够在所有学科领域中都占据领先地位。通常，学校会通过打造若干特色鲜明的学科专业，彰显其独特的优势与个性，进而推动学科专业结构的优化，提高整体建设水平。高校学科专业结构优化的关键措施如下。

1. 瞄准科技前沿，打造引领性学科

在知识经济时代，科学技术革命的浪潮席卷而来，极大地推动了全球化和高新技术的发展，对人类社会产生了深刻影响，不仅改变了人们的生活方式，也重塑了社会的经济结构和发展模式。科技革命打破了传统的线性改革模式，模糊了基础研究与应用研究的界限。以往，从科学发明到实际应用往往需要漫长的时间，但如今，科技的快速发展使这一周期大幅缩短，科研成果能够迅速转化为实际生产力，推动社会进步。面对这一趋势，高等学校，特别是研究型大学，必须积极顺应科技革命的潮流，进行学科设置的改革。传统的学科设置已难以满足时代的需求，建设符合时代发展的新学科迫在眉睫。在 21 世纪，学科发展呈现出新的方向，科学与工程的界限逐渐模糊，自然科学与工程技术走向融合。这就要求高等学校必须创新性地培养科技人才，使其具备跨学科的知识和能力。高等学校的学科建设应紧紧聚焦于科学与工程的融合，瞄准科技发展的最前沿，通过创建新的跨学科课程，打破学科壁垒，拓宽学生知识边界，培养他们的创新思维和实践能力，为社会源源不断地输送创新型科技人才，推动科技进步和社会发展。

2. 调整学科结构，推动学科融合创新

在当前，学科发展与现实需求之间存在不容忽视的“代差”。尽管许多传统学科已历经多次改造，可与经济社会、科技发展脱节的问题仍未根除。高校要解决这一问题，就必须对现有学科进行全方位的梳理、调整与重组。具体而言，整合相近专业，能够避免资源浪费，集中力量提高教学质量；强化特色专业，有助于打造高校品牌，提高竞争力；淘汰过时专业，能让高校资源向更具发展潜力的领域倾斜。拓宽专业范围，打破学科壁垒，促进学科交叉融合，是推动交叉学科和边缘学科发展的关键动力。不同学科的碰撞交融，能催生新的知识和研究方向，培养出适应复杂社会需求的复合型人才。对于有价值的传统专业，也不能弃之不顾，而应积极为其注入现代化的课程体系、教学内容和技术手段，提升其服务当今社会的能力。总之，高等学校唯有通过调整学科结构，推动学科融合创新，为传统学科融入现代元素，才能使学科发展与社会经济和科技发展的需求紧密契合，培养出更多适应时代需求的人才。

3. 扎实推进学科汇聚与集成创新

在当代科技发展进程中，学科汇聚与集成创新已成为不可小觑的关键趋势。现代科技的迅猛发展，使学科之间的交叉与综合日益显著。以信息技术、纳米技术、生物医药等前沿领域为例，这些领域的发展早已突破了单一学科的范畴，而是融合了多学科的知识与方法，呈现出鲜明的跨学科特征。在信息技术领域，计算机科学、数学、电子工程等多学科相互交织，推动了人工智能、大数据等新兴技术的蓬勃发展；纳米技术则涉及物理学、化学、材料科学等多个学科，为材料的微观结构调控和性能优化开辟了新的途径；生物医药领域更是医学、生物学、化学、药学等学科协同合作的成果，推动了疾病诊断、治疗和预防技术的不断创新。与此同时，全球性问题的复杂性和严峻性也对学科融合与合作提出了迫切需求。面对经济、环境等全球性挑战，单一学科的知识和方法已难以有效应对。例如，在应对气候变化这一全球性环境问题时，需要环境科学、气象学、经济学、社会学等多学科的共同参与，从不同角度分析问题并提出解决方案。只有通过学科间的融合与协作，才能全面深入地理解问题的本质，制定出科学有效的应对策略。高等教育作为培养未来科技人才的主要阵地，也必须顺应这一趋势进行改革。传统的学科界限已无法满足现代科技发展对人才的需求，高等教育应积极采用跨学科的教育模式，打破学科壁垒，培养学生的综合素养和创新能力。通过跨学科课程设置、联合培养项目等方式，让学生接触不同学科的知识和思维方式，拓宽知识视野，激发创新思维。学科群建设是实现学科汇聚与集成创新的重要途径。其通过学科之间的互动、知识对接等，凝聚成强大的合力，推动学科的共同发展。在学科群建设中，存在三种协同效应：其一为综合效应，即聚合各学科的优点，推动综合创新，有可能催生新的学科体系；其二为交叉效应，在跨学科研究中，通过合作衍生出新的学科和知识体系；其三为横向效应，通过抽象研究揭示不同学科的共性，推动新的知识发展并改变学科格局。面向学科汇聚，强化集成创新是当今高等教育和科研发展的重要方向。它能够有效促进学科间的合作，解决复杂的全球性问题，并推动科技创新和学科进步。在未来的发展中，应进一步加强学科汇聚与集成创新，为人类社会的可持续发展提供有力支撑。

4. 科学锚定带头学科，充分发挥引领作用

在学科体系建设中，带头学科发挥着不可替代的关键作用。少数学科凭借其前沿性研究成果和先进理念，主导着学科发展方向，有力带动其他学科共同进步。带头学科具备独特功能，其蕴含的科学思想具有广泛适用性，能为其他学科提供普遍指导与借鉴，成为推动学科群整体发展的核心驱动力，决定学科群未来的发展走向。带头学科并非一成不变，而是随时代发展而更迭。回顾历史，数学、物理学、化学等学科在不同时期担当带头角色，引领科学进步。而步入新时代，信息技术、计算机技术和生命科学等新兴学科迅速崛起，逐渐成为带头学科，深刻影响各领域的变革。高等学校确定带头学科时面临诸多挑战，既要全面评估学科的学术地位、自身优势以及潜在价值，还要深度契合学校整体学科建设规划，确保学科发展的协同性与整体性。总之，带头学科在学科体系

建设中意义重大，引领着其他学科前行并决定学科群走向。科学选定带头学科需综合考量学科地位、特色、优势以及学校整体规划，这对高等教育实现学科优化，提高科研与教学水平具有深远影响。

5. 重塑高校专业生成机制，提高科技人才培养质量

传统的高校专业生成模式，遵循着“职业—专业—课程”的固定路径。社会产生某类职业的需求，高校便据此设立相应专业，随后围绕专业开展课程设计。这种模式在一定时期满足了社会对专业人才的基本需求。然而，现实发展的逻辑已发生改变。如今，社会对新职业的需求涌现时，往往先以课程的形式呈现，而非直接催生新专业，形成了“职业—课程—专业”的新路径。例如，随着新兴技术发展，前沿领域的课程率先在高校出现时，吸引学生选修，积累经验。理性的专业生成机制应是，当新职业出现，高校先开设相关选修课程，为学生提供接触新知识的机会。当该职业发展壮大，形成稳定的人才需求规模后，再正式设置专业。这种机制的培养目标明确，能有效增强科技人才的适应能力与发展能力。学生可提前接触前沿知识，适应新职业需求，为未来发展奠定良好基础。总之，为提高创新型科技人才的培养质量，高校必须重塑专业生成机制，摒弃短视的“紧俏人才”培养模式。

6. 科学变革教学组织形式，构建大学科专业体系

在高等教育体系中，传统的教学组织形式“学校—院系（所）—专业教研室”长期占据主导地位。过去，这种结构在专业人才培养方面发挥了重要作用。但随着时代发展，学科专业内涵不断丰富，学科交叉融合趋势日益明显，传统结构的局限性逐渐显现，难以适应学科专业的动态变化，因此，打破现有教学组织模式已迫在眉睫。建议逐步建立以一级学科专业或学科专业群为单位的教学科研机构，形成“学校—学院—学科专业群”的新模式。新模式下，学科专业群能整合多学科资源，促进学科交叉融合，提升教学与科研的协同性。值得一提的是，这一新

的组织形式与部分高校已推行的学科大类招生和培养改革不谋而合。学科大类招生旨在培养宽口径、厚基础的复合型人才，而新的教学组织形式为其提供了有力的组织保障，两者相辅相成。总之，为适应学科专业内涵的动态变化，高等学校必须主动变革教学组织形式，积极推行“学校—学院—学科专业群”新模式，构建大学科专业体系。这既契合学科大类招生和培养的实践需求，又能强力提升高校教学和科研的有效性，推动高等教育高质量发展。

二、准确定位培养目标，科学设计培养规格

高等学校的培养目标，是其对所培养人才的价值主张以及具体要求的集中体现，蕴含着学校的教育理想、使命担当和人才观念。它分为两个层次，学校人才培养目标是对学生总体素质的概括性要求，为整个学校的人才培养指明宏观方向；专业人才培养目标则将学校目标具体化，针对不同专业，明确学生在专业知识、技能和素养等方面需达到的具体标准。培养目标在人才培养过程中起着关键作用，它既是人才培养的起点，为教学活动提供方向指引，决定教学内容的选取、教学方式的运用，也是终点，作为评估教学成果的重要标准，发挥着“定向、调控、评价、激励”的功能，直接关乎人才培养质量。培养规格是对专业培养目标的进一步细化，它详细规定了专业人才应具备的知识、能力和素质结构。培养目标决定人才培养方向与质量，培养规格提供具体规范。合理设计与调整两者，是高等教育改革创新的重要基础，有助于提高人才培养质量，推动教育体系不断优化。

（一）科学定位培养目标的前提

高等教育中培养目标的制定并非随意的主观臆断，而是基于特定的教育思想和教育目的的科学规划。教育目的作为教育活动的总体指引，是培养目标的重要基石。它深受教育价值观念的影响，每一种教育目的的确定，都是以某种教育价值观为理论依据的。教育价值观并非一成不变，会随着社会历史条件和物质资

料生产方式的演进而发生变化。在不同的历史时期，由于生产力水平、社会结构和文化背景的差异，人们对教育价值的认知也大相径庭。例如，在生产力相对落后的农业社会，教育可能更侧重于传承社会道德规范和基本生产技能，而在科技飞速发展的现代社会，教育则更注重培养学生的创新能力和适应社会变革的能力。在众多教育价值观学说中，“个体本位论”和“社会本位论”是最具基础性且影响力较大的两种核心理论。

个体本位论秉持以个体的发展为最高目标的理念，坚信教育的核心使命在于满足个体的自我发展需求。在教育实践过程中，教育目的的锚定和计划的铺陈都应紧紧围绕个体发展来架构，将个体的兴趣、能力和成长需求置于首要位置。个体本位论有着深厚的历史根脉。在古希腊罗马时期，智者学派率先提出教育的根本目的在于发展人的理性思维与独特个性，而非单纯服务于国家利益，这一观点打破了传统教育对国家意志的过度依附，将关注焦点回归到个体本身。到了启蒙运动时期，卢梭大力提倡教育应专注于“人”（自然人）的发展，而非同时肩负培养“公民”的任务。他强调要遵循个体自然成长的规律，反对对人性的过度束缚和干预。康德也提出教育的理想是充分发展人类的自然禀赋和才能，为个体本位论注入了理性主义的内涵。工业革命时期，斯宾塞认为教育应教人如何为完满生活做准备，高度关注个人发展，使个体本位论在实用主义层面得到进一步深化。这些先驱的思想犹如明灯，对后来的教育价值观选择产生了深远影响，不断提醒着教育者应重视个体的全面发展，为现代教育理念的多元化发展奠定了坚实基础，也促使教育实践不断探索如何能更好地满足个体独特的成长需求。

社会本位论在教育范畴中，主张教育应以满足国家和社会发展需要为核心目标。在制定教育目的以及实施教育计划时，均需紧密围绕社会发展需求展开。追溯历史，早在古希腊时期，柏拉图在《理想国》里就明确提出教育应当服务于政治，按照国家需求对个人进行培养，为社会本位论奠定了早期思想基础。到了

19世纪下半叶，奥古斯特·孔德提出“真正的个人是不存在的，只有人类才存在”，突出强调个人发展对社会的依赖，个人只有置身于社会环境中才能实现自身价值。爱米尔·涂尔干认为教育应当助力儿童在身体、智力和道德方面实现发展，从而更好地适应社会要求以及未来所处环境。[①]总之，社会本位论着重强调教育服务于社会和国家发展需求的重要性。教育目标的确立必须依据社会整体需求，个人的发展唯有与社会需求相契合，才能使教育发挥最大效能，推动社会稳步向前发展。

在教育理念的探讨中，个体本位论与社会本位论代表了截然不同的价值取向。这两种理论都蕴含着一定的真理性，个体本位论重视个体独特性，为个体自由发展提供了空间；社会本位论从宏观视角保障了社会对人才的需求。然而，片面强调任意一方，都会走向偏激。事实上，只有将个体发展与社会发展协调统一，才能真正发挥教育的最大价值。这种统一理念与马克思主义关于人的全面发展学说高度契合，人的全面发展既涵盖个体能力、个性的充分发展，也包含个体与社会的和谐共生。在高校创新科技人才培养方面，培养目标应精准定位。既要充分尊重学生个体自我发展的需求，鼓励他们在科技创新领域挖掘自身潜力，又要紧密贴合社会需求和时代发展趋势，使学生所学知识与技能能切实为社会发展所用。其最终目的是培养出一批在未来科技创新活动中，既能实现个人价值，又能为社会创造价值，达成两者统一的优秀人才。

（二）科学定位培养目标的现实依据

大学作为一个典型的利益相关者组织，其运营与发展涉及多方主体利益。这些利益相关者群体构成复杂，涵盖了不同利益层次的主体。从利益相关者分类来看，内部利益相关者与学校关系最为紧密，堪称“核心利益相关者”，主要包括教师、学生和学校行政人员。教师是教学与科研的主要执行者，其职业发展与

① 陈桂生．教育原理 [M]. 上海：华东师范大学出版社，2000：211.

学校的学术声誉息息相关；学生是学校教育的直接对象，他们的成长与发展直接反映学校的教育成果；学校行政人员则负责学校日常运转，保障各项事务有序开展。外部利益相关者涵盖广泛，包含政府、捐赠者、校友、工商界、银行、社区等。依据与学校关系的紧密程度，又细分为“主要利益相关者”“边缘利益相关者”和“潜在利益相关者”。政府凭借政策引导和资源支持，对学校发展方向产生重大影响；捐赠者和校友以资金或其他资源回馈学校，助力学校建设；工商界和技术型企业与学校在人才培养、科研成果转化环节深度协作；银行提供金融服务，社区为学校提供周边环境支持。基于此，高等学校的人才培养目标，需综合权衡各利益相关者的需求。尤其要重点考量学生的个人发展诉求，国家（政府）对于人才的宏观规划，以及社会组织中的科学研究机构、技术型企业等主要利益相关者对专业人才的实际需求，从而确保培养出的人才既能满足个体成长，又能契合社会发展需要。

在高等教育体系中，学生无疑是培养过程中的核心利益相关者，这就决定了学生的创新素质发展需求应成为培养目标合理定位的关键要素。培养目标的精准定位，是确保高等教育质量、培养适应时代需求人才的基石，而其中学生创新素质的提升，更是重中之重。深入理解创新型科技人才的素质特征，以及学生身心成长规律，是实现有效培养的前提。创新型科技人才需具备扎实的专业知识、敏锐的创新思维、较强的实践能力以及良好的团队协作精神等。学生在不同成长阶段，其认知能力、思维方式、兴趣爱好等存在差异，只有精准把握这些关键问题，才能制定出契合学生发展的培养策略。实现创新型科技人才培养的总体目标，离不开科学的策略。通过构建完善的课程体系，融入前沿科研成果，激发学生的探索欲望；组织多样化的实践活动，锻炼学生将理论知识转化为实际应用的能力；营造开放包容的学术氛围，鼓励学生自由思考、大胆质疑。基于此，本书提出基于素质模型的创新型科技人才培养模式。该模式旨在为自然科学与技术领域学生的创新素质系统培育，提供一个清晰、可操作的框架，从知识、能力、素养等多维度出发，全方位助力学生成长为创新型科技人才。

创新型科技人才的培养目标必须符合国家经济社会发展战略的需求。教育培养需主动服务于社会经济发展，为国家战略的实施提供人才支撑。教育与社会制度关系紧密，社会的政治、经济制度深刻影响着教育体制的构建与运行，社会发展水平则决定了所需人才的类型和规格。例如，在工业化快速发展阶段，对应用型技术人才需求旺盛；步入科技高度发达的知识经济时代，创新型、复合型人才更受青睐。同时，社会文化也潜移默化地浸润着校园文化，塑造着学生的价值观和思维方式。高等学校与社会的联系愈发紧密，其科研成果可直接转化为生产力，为社会创造价值；培养的人才也能迅速融入社会各领域，推动行业发展。人才培养目标若脱离经济社会发展实际需求，便失去了存在的根基。

创新型科技人才的培养目标与社会主要利益相关者需求的适配，是实现高质量人才培养的关键环节。科学研究机构和技术型企业作为高等学校科技人才培养的重要利益相关者，在人才培养进程中居于关键地位。科学研究机构凭借其前沿的科研项目和先进的科研设备，为高校学生提供了实践与探索的平台，是高校科技人才培养的重要渠道。技术型企业则能敏锐捕捉市场需求，推动科研成果转化为实际生产力，是产学研合作的关键对象。它们的发展高度依赖高素质创新型科技人才，因而对人才素质有着明确且具体的需求。高等学校在进行专业目标定位时，必须充分重视这些利益相关者对科技人才素质的诉求。通过开展相关研究与全面的调查分析，深入了解科学研究机构对科研能力、创新思维的需求，以及技术型企业对实践操作、团队协作等方面的期望。强化与这些重要利益相关者的合作关系，能够有效提高人才培养质量与利益相关者期望的拟合度。双方在人才培养方案制订、课程体系优化、实习实践基地建设等方面展开深度合作，使高校培养的创新型科技人才在知识结构、能力素养等方面契合利益相关者的基本需求，进而推动高等教育与社会发展的协同共进。

此外，大学培养目标的科学定位，必须充分考量知识体系的演进规律。高等教育机构作为知识传承与创新的重要载体，其教学活动的开展和人才培养的质量直接受知识发展水平的制约。教师的教学活动与学生的学习过程本质上都是建立在知识传播、阐释和创新的基础之上，这些共同推动着高素质创新型人才的培养。因此，高校在制定人才培养目标时，必须以知识发展的客观规律为基本依据，确保教育目标与知识演进保持同步，从而维持人才培养工作的持续性和有效性。

（三）科学设计培养规格

高校在制定专业培养规格时，明确素质发展要求尤为关键。具体而言，高校需摒弃模糊表述，以具体、清晰的方式提出对学生素质发展的要求。这一明确性是后续教育教学活动有效开展的基础，能够让学生和教师都清晰知晓培养目标与方向。清晰的素质要求，能为学生创新素质的培养提供明确的操作标准。学生据此可明确自身的努力方向，知晓在创新实践中应着重提升哪些能力；教师也能依据这些标准，设计针对性强的教学活动，合理安排教学内容与实践环节，助力学生创新素质的提升。科学设计人才培养规格可从以下几个方面着手。

1. 构建广博且科学合理的知识体系

创新型科技人才的成长离不开广博且科学合理的知识体系的支撑。对于本科阶段的学生而言，尽管他们尚未达到创新型科技人才的水准，但仍应以其为知识建构的目标导向。在本科教育过程中，该导向能够指引学生不断拓宽知识边界，逐渐搭建起完善的知识架构。知识储备在科技创新中起着基础性作用，科技创新的实现依赖充足的知识积累，而知识结构的合理性更是直接影响着创新能力的高低。不同的知识结构有着不同的功能，合理的知识结构能促进知识的融会贯通，为创新提供有力支撑。在设计培养规格时，高校应兼顾学生知识的广度和深度，同时高度重视知识结构的合理性，具体涵盖文化基础知识、学科专业知识、交叉学科知识以及创新专门知识。文化基础知识为学生筑牢人文底蕴，学科专业知识助其深耕专业领域，交叉学科知识打破学科壁垒，创新专门知识则直接赋能创新能力提升。

2. 培养多元化思维方式

创新型科技人才必须具有灵活的思维方式，具备这种思维方式的人才，在面对复杂的科学问题时，能够从不同角度思考，迅速找到创新的突破口。然而，在当前高等学校的人才培养体系中，思维方式的培养往往被忽视。很多高校只侧重于知识的传授，而对学生思维能力的塑造投入不足，这在一定程度上限制了创新型科技人才的产出。高校可以通过组织科研项目、学术讨论、案例分析等活动，引导学生锻炼思维能力，促进创新思维的养成。发散思维、逻辑思维、灵感思维、逆向思维等，在科技创新中发挥着不可替代的作用，应当成为思维训练的重点内容。这些思维方式相互补充，能帮助学生在科技创新过程中全面分析问题、解决问题。值得注意的是，不同学科对创新思维的需求存在差异。例如，理工科可能更强调逻辑思维和实证思维，而文科则更注重批判性思维和创造性思维。专业培养规格设计必须充分关注并识别这些差异，因材施教，以满足不同学科对创新型人才的需求。

3. 培养学生综合能力

本科教育阶段在科技人才培养体系中占据着举足轻重的地位，是科技人才专业能力的初步奠基期。此阶段所积累的知识与技能，养成的学习习惯和思维模式，对学生未来的科技职业生涯有着深远影响，关乎其能否在专业领域持续深耕并取得成就。在本科教育中，综合能力的培养尤为关键，涵盖智力操作能力与实际行为能力。智力操作能力方面，创造性的观察能力使学生能敏锐捕捉到科研中的关键信息；分析能力与推理能力助力其剖析复杂问题，探寻本质；注意力和理解力保证学习和研究的高效进行；规律探求能力让学生能够挖掘知识背后的原理，经验迁移能力则促使知识在不同情境下灵活运用。实际行为能力同样不可或缺，信息搜寻能力帮助学生从海量信息中筛选出有价值的内容；团队合作能力适应现代科研协作需求；实际操作技能是将理论知识转化为实践成果的关键；持续学习能力则确保学生在快速发展的科技领域中不断进步。综合能力的培养是为学生未来科技职业发展筑牢根基的核心所在。

4.重视学生个性品格的培养

在人才培养过程中，人格因素的重要性不容小觑，它涵盖道德和心理层面的非智力因素。良好的非智力因素，如坚韧不拔的意志、积极乐观的心态，能有效强化智力活动，激发创造性思维。反之，消极的非智力因素，比如过度焦虑、缺乏自律，会抑制创造力的产生。个性品格对创造力有着直接影响。人格缺陷，如自卑、狭隘等，可能压抑个体的创造力，使其难以突破思维局限。而理想的人格因素，如自信、豁达，能为创造力的释放提供广阔空间。同时，开放包容与科学人文关怀精神，是科技工作者应具备态度的基本要求。高等教育应高度重视学生个性品格的培养，尤其是与创新意识和创新精神相关的品质，这对于学生形成积极的科技创新价值观、态度和内在动机，充分发挥创造力，有着至关重要的推动作用。

三、科学化制订培养方案

培养方案在高等教育体系中占据着核心地位。它是高等院校基于人才培养目标、规格以及培养对象的特性，精心制订的具体规划与实施方案，常被称作专业培养方案或专业培养计划。其本质是将抽象的教育理念转化为可操作的实践蓝图。作为指导、组织与管理教学工作的纲领性文件，培养方案为教学活动提供了明确的方向和规范。从功能上看，专业培养方案是人才培养理念和模式的固化形态，它为教育教学工作提供直接的行动指南，确保人才培养目标和规格得以顺利实现。通过详细的规划，能使教学活动有序开展，保障了人才培养质量。培养方案的科学化程度至关重要，它直接影响信息传输的效率与效能。科学合理的培养方案能高效地将知识、技能传递给学生，对创新型科技人才的培养起到关键作用，是培育高素质创新人才的重要保障。

1. 发挥学科专业优势，突出学校特色

学校在制订方案时，要深度挖掘自身在学科建设、师资力量、科研成果等方面的优势，将其融入专业培养方案中，以此凸显学科专业优势，增强其在同类院校中的竞争力。创新型科技人才培养具有独特性，不存在放之四海而皆准的固定模式。不同学校在专业设置、办学定位和实际条件上存在差异，这就要求培养模式需具备灵活性和针对性。例如，研究型大学可侧重于科研能力培养，应用型院校则强化实践技能提升。成功的人才培养模式需遵循“依靠自己”的原则，即学校要基于自身实际情况进行独立性和个性化设计，不能盲目照搬其他院校的模式。通过精准分析自身资源和特点，制订出契合本校发展的培养方案。在设计创新型科技人才专业培养方案时，发挥学科专业优势和突出学校特色应作为首要考虑因素。唯有如此，才能培养出既符合社会需求，又具有本校特质的创新型科技人才，为学校的长远发展和社会的科技进步提供有力支撑。

2. 突破传统教育形式，全面整合创新教育因素

在制订创新型科技人才培养方案时，突破传统模式是必然要求。传统的课程设置和课时计划往往存在局限性，难以满足创新型科技人才培养的需求。若仅依赖传统形式，会限制学生创新思维和实践能力的发展，因此必须超越传统，探索新的教育模式。培养方案应以整体目标为导向。在学校人才培养的大目标引领下，紧密围绕专业培养目标与规格展开设计。这需要整合更多影响学生创新素质的关键因素，全方位助力学生成长。关键因素涵盖多个方面。其一是创新性

教学方式及实施计划，采用启发式、探究式等教学方法，激发学生主动思考；其二是科技实践训练的资源保障，整合学校实验室、科研项目等内部资源，以及企业实习、产学研合作等社会资源，为学生搭建实践平台；其三是创新教育实施的学习环境营造计划，打造鼓励创新、包容失败的学术氛围；其四是学生素质培养效果的考核计划，建立多元化考核体系，全面评估学生创新能力；其五是师资配备与发展计划，培养和引进具有创新意识和实践经验的教师。

3. 构建系统性课程结构

专业培养方案的课程结构需具备高度的系统性，这是全面培育学生综合素质的基础。它需要全方位地体现对学生知识、能力、思维以及个性品格等多维度素质的培养要求。知识层面，既要涵盖专业基础知识，也要纳入前沿知识；能力上，注重实践操作、问题解决等能力的锻炼；思维维度，着力培养创新思维、批判性思维等；个性品格方面，塑造坚韧、合作等品质。在构建培养方案时，务必规避传统方案的局限性。传统方案常常过度聚焦于知识和技能的传授，而忽略了思维与个性品格的塑造。这种偏向不利于学生的全面发展，尤其在培养创新型人才的背景下，更难以满足社会对人才的多元需求。为了培育创新型人才，方案必须确保培养规格中所期望的创新素质发展目标能够切实落地。从课程内容的选择到教学方法的运用，都要紧密围绕创新素质的提升。理想的专业培养方案应通过集成化设计来实现培养目标体系。将理论教学、实践教学紧密结合，课堂内外教学手段相互补充，同时融入非教学手段，如学术讲座、科研竞赛等，多向度推动学生朝着设定的培养目标发展，从而培养出具备综合素养的创新型人才。

4. 保障培养方案的逻辑性

专业培养方案作为高校人才培养的核心指引，良好的内在逻辑性是其关键。从课程设置、教学活动安排到考核评价机制，各部分内容在结构上需紧密关联，构成一个有机整体。比如课程设置中，先修课程与后续课程的衔接，基础课程为专业课程奠定知识根基，专业课程则是对基础课程的深化与拓展，考核评价机制也应与课程内容和教学目标相匹配，构成相互支撑的关系。在方案的组织实施过程中，必须严格遵循时间先后顺序，呈现出逻辑层次递进的关系。以本科四年培养为例，大一着重进行基础知识的学习与基本能力的训练，为后续学习筑牢根基；大二、大三逐步深入专业领域，开展专业课程学习与实践活动，提升专业素养；大四则侧重于综合能力的运用与提升，通过毕业设计、实习等环节，将所学知识融会贯通，实现从知识储备到能力输出的转化。整个培养方案还应清晰地体现出培养学生各项关键素质发展的基本路线。从入学时的综合素质培育，到专业学习过程中的专业素质塑造，再到毕业前的创新与实践能力提升，每一个阶段都要有明确的目标和任务，使学生和教师都能清晰知晓培养方向，确保人才培养的连贯性与有效性 。

四、优化培养课程体系

课程体系在高等教育人才培养进程中占据着关键的地位，它是实现专业培养目标的基本载体与手段。专业培养目标的达成，依赖于课程体系中各类课程的科学设置与有效实施。它也是组织专业教学活动的重要依据。教师依据课程体系规划教学内容、选择教学方法，学生也在课程体系的引导下逐步积累知识、提升能力。课程体系在很大程度上决定了培养对象的素质结构。合理的课程设置，能让学生在知识学习、技能训练、思维塑造等多方面均衡发展；反之，则可能导致学生素质发展失衡，直接影响人才培养质量。社会对不同专业人才的需求，推动高校调整课程体系，以培养适应社会发展的人才。例如，随着科技发展，人工智能相关课程在众多专业中被广泛增设。通过对课程结构的优化，高校能够更好地培养出具有创新精神的科技人才。

（一）课程体系优化的特征

1. 课程资源具有丰富性

高等学校要培养创新人才，丰富的课程资源是关键。必须构建多样化的课程体系，涵盖从基础到前沿的科学理论课程。基础课程帮助学生搭建稳固的知识架构，前沿课程则引导学生接触学科最新动态，拓宽学术视野；设置从单项到综合的实践训练课程，让学生从基础技能训练逐步过渡到复杂问题的综合解决，提升实践能力；纳入科学与人文素养的通识教育课程，培养学生全面的文化素养，避免知识结构单一；开设专门训练创新思维与方法的创新教育课程，激发学生创新意识，掌握创新技巧。同时，还应包括常规性课程，保证教学的稳定性与系统性，以及探索性、研究性课程，鼓励学生自主探索、深入研究；还要有满足学生共性与个性发展的课程，既能保障全体学生的基本素质培养，又能为有特殊需求的学生提供发展空间。此外，要整合校内外多元课程平台，引入校外优质资源，拓宽学生学习渠道。丰富的课程资源能为专业教学目标的实现拓展更大空间，学生可以依据自身兴趣和发展规划选择课程，全面提高知识水平。同时确保学生在知识、思维、能力与个性等方面的多维创新素质得到培养。课程资源的丰富性为高等学校创新人才培养提供了必要的支持和条件，多层次、多领域的课程体系能更好地促进学生综合素质的提升。

2. 课程结构具有整合性

创新型科技人才的培养，离不开科学合理的课程体系构建。它绝非单一课程要素或学科的机械堆砌，而是不同学科、课程的精妙搭配与深度融合。要达到各学科与课程相互关联、相互促进，共同为培养创新型科技人才服务。课程体系包含多个基本环节，课程目标的确定是首要任务，明确、精准的目标为后续环节指明了方向。课程内容的选择与组织需紧密围绕目标，筛选前沿且实用的知识，按照逻辑顺序合理编排。课程的实施关乎教学方法与过程，而评价则用于检验课程效果，这些环节有机结合，构成完整的课程体系。课程结构的整合性是课程体系的关键特性，课程要素通过横向与纵向的协调关联实现有机融合。横向协调指不同学科课程间的相互关联，打破学科壁垒，促进知识的交叉融合；纵向协调则体现在课程的先后顺序与层次递进上，确保学生知识与能力的逐步提升，实现整体功能的优化。在课程内容方面，要注重学科间及内部的相互结合，避免学科内容脱节、重复或零散，确保课程内容与目标高度统一。内容应紧密围绕培养目标，既涵盖专业核心知识，又融入跨学科知识，拓宽学生视野。同时，课程体系的协调性也不容忽视。课程内容和目标必须与专业培养目标保持一致，若出现目标不匹配，专业培养目标将难以落实。只有确保各环节紧密配合，才能有效提高人才培养质量。总之，课程体系的整合性在创新型科技人才培养中起着决定性作用。通过合理的课程要素组合、内容选择与组织，优化培养机制，使课程目标与专业培养目标高度契合，进而促进整体教育效果的增强，为社会输送更多高素质创新型科技人才。

3. 课程体系具有相关和集中性

在课程体系的理论研究中，“相关与集中”概念由赫尔巴特提出，对创新型科技人才培养具有重要意义。具体而言，“相关”与“集中”有着明确的定义。“相关”主要是指在创新型科技人才培养过程中，各类相关课程之间存在着紧密联系，这种联系涵盖了不同学科之间的相互关联，强调学科知识并非孤立存在，而是相互依存、相互补充。“集中”则是指这些相关课程都共同朝着培养学生创新素质体系的目标发力，通过有机结合与协同作用，形成强大的合力，即协同效应。在课程体系的构建上应有针对性地开设相关课程，如创新思维训练课程、跨学科综合实践课程等，以此形成“集中”效应，让所有课程围绕培养目标协同运作。“相关”与“集中”在创新型科技人才培养中作用显著。相关课程能够帮助学生打破学科界限，而“集中”则能对多元化的知识进行有效整合，促进不同知识之间的碰撞与交流，从而为创新的滋生和融合创造有利条件。总之，课程体系的“相关”与“集中”是促进学生创新素质提升、知识整合以及创新能力发展的关键所在，为培养创新型科技人才提供重要理论支撑和实践指导。

4. 课程体系具有开放性

创新型科技人才培养的课程体系，其开放性是适应时代发展的关键特性。它体现为对外部信息的敏锐接纳能力以及自身始终保持开放的积极状态。在外部信息接纳方面，课程体系需具备动态调整机制。随着科技进步、社会需求变化，及时更新课程内容、变革教学方式，从而增强人才培养与外部环境的适配性，确保培养出的人才契合社会发展需求。在课程要素的相互开放与融合方面，同一学科专业内，各课程要素应打破封闭性，紧密互动。例如，专业基础课与专业课之间，应避免内容重复，实现知识的有序衔接与拓展，形成有机整体。跨学科、跨专业的课程开放也至关重要。不同学科专业间的课程体系应相互开放，并引入其他学校的优势课程，实现资源共享。这能进一步丰富本校课程体系，为创新型科技人才培养提供更优质、多元的教育资源和服务，助力学生全面成长。

（二）优化课程体系的路径

1. 创新课程体系的结构形态

在创新型科技人才培养的进程中，课程体系结构的创新意义重大，其中一个重要转变是从模块化组织形式向矩阵式组织形式过渡。矩阵式组织形式的课程设计，别具一格地从横向和纵向两个维度展开布局。在横向维度上，课程体系被系统地划分为理论教学系列、实践教学系列、科研创新训练系列等模块。理论教学系列为学生夯实知识基础，实践教学系列着重锻炼学生的动手操作能力，科研创新训练系列则激发学生的创新思维与科研能力。在纵向维度中，每个模块又进行了不同层次的分割，比如理论教学系列从基础理论到专业理论逐步深入，实践教学系列从基础实验到综合实践层层递进。这种矩阵式课程组织形态在CDIO教育模式改革中得到了广泛应用，CDIO模式以构思（Conceive）、设计（Design）、实现（Implement）和运作（Operate）为核心，注重学生在工程实践中的全过程参与。矩阵式组织形态与CDIO模式高度契合，因而受到了世界高校的广泛关注与积极实践。

在创新型人才培养的课程体系中，理论教学系列是奠定学生知识基础的关键环节。通识教育课程模块，以“通识化”为培养目标，课程设计统一，涵盖必修与选修课程。必修课程确保学生具备基本的人文、社科、自然科学素养，选修课程则满足学生多样化的兴趣，拓宽其知识视野；学科专业大类教育课程模块，注重学科基础知识的公共性、基础性与学术性，为“宽口径”和“按类培养”目标服务。它助力学生在进入专业学习前，能全面认知所属学科大类，掌握通用知识，为后续专业学习筑牢根基。实践教学系列分为三个层次，第一层次以课程教学为基础，通过课程实验、设计等活动，培养学生的实验与设计能力，使其初步掌握实践操作技能。第二层次在基础课程之后，借助实习与生产实习等环节，进一步提升学生的实践操作能力，让学生在实际场景中运用所学知识。第三层次的毕业实习与毕业论文，要求学生综合运用所学知识，解决实际问题，检验学生的知识掌握程度与综合能力。科研创新训练系列，借助有针对性的课程与平台，致力于提升学生的科技创新能力。通过开展科研项目、学术讲座、学术竞赛等活动，强化学生的创新意识与实践能力，培养其分析与解决问题的能力，为学生未来投身科研或创新工作做好准备。

在创新型科技人才培养的课程体系构建中，采用纵横双向维度的课程体系意义重大。这种设计方式能够极大地增强课程间的关联度与集中度，让学生在学习过程中建立起完整的知识网络。通过一体化设计来规避课程之间的分隔现象也十分关键，各课程不再孤立存在，而是形成了交互作用的联动机制。例如，理论课程的知识能及时在实践课程中得到应用，实践中的问题又能反馈到理论学习中，促使学生深入思考。矩阵式一体化课程组织设置能够全方位助力创新型科技人才的成长，培养出适应社会发展需求的高素质人才。

2. 拓宽课程体系的内容界面

课程体系内容界面的拓宽，对创新型科技人才培养至关重要，它为学生多元创新素质的孕育营造了良好环境。丰富多元的课程内容，能激发学生的创新思维，拓宽知识视野，助力学生从不同角度思考问题。课程内容与人才培养目标也紧密关联。创新型科技人才培养需提供与关键素质要求相匹配的课程内容，课程内容应直接关联培养目标和特定素质要素的培养，确保学生在学习过程中，逐步达成预期的素质培养目标。课程体系的内容优化同样不可或缺。及时剔除或更新冗余和重复的内容，是保证课程先进性的关键。科学技术发展日新月异，课程内容必须与时俱进，反映最新科技成果，展示学科发展的现实图景，如此才能提升学习活动的实际效度，让学生学到真正有用的知识。基于创新型科技人才素质模型，适度拓展课程内容，能够有效弥补可能导致素质缺失的课程内容短板。通过精准分析素质模型，洞察课程体系中的短板，有针对性地补充内容，能使课程体系更加完善，全面助力创新型科技人才的培养。

拓展课程体系的内容界面应从以下几个方面入手。

一是添加“科学通识”教育内容。在高等教育培养创新型科技人才的体系中，通识教育是基石，理想的通识教育应实现“科学通识”与“人文通识”紧密融合。当前，众多高等院校积极引入人文课程，旨在平衡教育结构，提升学生的人文底蕴，这一举措值得肯定。然而科学通识部分却在实际教学中被边缘化，像科技发展史、科技伦理这类关键课程，未被充分纳入教学重点。科技发展史犹如一部生动的科学演进画卷，通过学习学生可追溯科技发展脉络，明晰科学突破的关键节点，从而激发内心深处的科学兴趣，领悟科学探索的艰辛与伟大。科技伦理则是科研领域的行为准则，它教导学生在追求科学真理的道路上，必须坚守道德底线，塑造严谨、负责的职业行为规范，培育科学精神。

二是开设创新思维与方法课程。创新并非偶然，而是有规律可循的。创新思维与方法课程的开设是培养创新型科技人才的关键举措。在科技人才培养过程中，这类课程通过系统讲授创新思维的模式、方法和技巧，引领学生突破传统思维定式，学会从多元角度思考问题。借助案例分析、模拟实践等教学手段，让学生切实掌握创新技能，养成创新思维，这与创新教育鼓励探索、激发创造的基本理念高度契合。

三是丰富跨学科和学科前沿教育内容。审视我国高等教育现状，理工科在学科前沿和交叉学科教育方面存在明显短板。为弥补这一不足，开展跨学科与学科前沿教育势在必行。一方面，精心设计跨学科课程，打破学科之间的壁垒，促使不同学科知识相互渗透、融合。学生在学习跨学科课程时，能接触多元的研究视角和方法，拓宽创新思路。另一方面，定期邀请各领域专家学者举办讲座，分享学科前沿的最新研究成果、发展趋势和面临的挑战。这不仅能让学生及时了解学科动态，还能激发他们对前沿问题的探索热情，有效提升学科视野和创新能力。

通过这些举措，能够全方位提升学生的综合素质和创新能力，为社会输送适应时代发展需求的优秀人才。

3. 变革课程实施的基本范式

在我国高等教育的长期发展进程中，课程实施多以学科课程为核心。教学活动侧重于理论知识的讲授，课堂讲授式是最主要教学方法，虽然偶有少量案例分析或调查研究，但整体上与实践情境的结合较为匮乏。在传统模式下，教师凭借系统的讲解，确实有助于学生理解和记忆知识，在一定程度上夯实了学生的理论基础。但这种模式的弊端也逐渐显现。由于缺少实践情境的融入，学生在面对实际问题时，知识迁移能力和实践能力受限。他们难以将课堂所学的理论知识灵活运用到现实场景中，解决复杂多变的实际问题，与社会对创新型、实践型人才的需求偏差较大，课程实施模式的变革势在必行。应大力提倡将学科课程模式与实践课程模式同步叠加，摒弃传统的“先理论，后实践”的刻板模式。在学习过程中，积极引入实践情境，让学生在实践中发现问题、思考问题、解决问题。通过实践中的反思，学生能够更深刻地理解知识，并建构新的知识，实现知识的内化与升华。这种新的课程实施模式具有显著的预期效果。它能够有效提高学生的综合素质，增强知识迁移能力，使学生在不同情境下自如运用知识；同时问题解决能力也得到锻炼，面对复杂问题时能迅速分析并找到解决方案；多元化思维能力也得以培养，学生学会从多维度思考问题，打破了思维定式。打破传统“先理论，后实践”的教学模式，将学科课程模式与实践课程模式有机叠加，能有效促进学生在实际情境中的学习，全方位提升学生的综合素质与创新能力，为社会培养出更多适应时代需求的优秀人才。

五、优化人才培养教学方式

教学在高等教育体系中占据着核心地位，是实现专业培养目标的基本途径。作为课程信息传递的控制性节点，教学质量直接关系学生创新素质的培养。在教学过程中，理论教学和实践教学的执行情况起着决定性作用。理论教学清晰透彻，能为学生构建坚实的知识体系；实践教学扎实有效，能锻炼学生的动手能力和解决实际问题的能力。两者相辅相成，共同决定了课程信息传递的效率与效果，进而影响学生多维创新素质的培养。然而传统教学形式中的“仓库理论”思想，单纯将学生视为知识的储存器，已无法满足创新型科技人才培养的需求。因此，必须破除这一陈旧思想，采用有利于学生创新素质发展的教学方式方法，激发学生的主动性和创造性。改革教学方式对于培养创新型科技人才至关重要，是高等教育中不可忽视的关键因素，能够营造积极的学习氛围，为学生提供更多实践和创新的机会。

（一）优化人才培养教学方式的前提

在当前教育背景下，优化教学方式是培养创新型科技人才的关键，实现优化就必须重构教学目标和重塑师生关系。传统教学过度侧重知识传授已难以满足创新型科技人才的培养需求。为扭转这一局面，需重新构建教学目标，不再单纯以知识灌输为目的，而是依据创新型科技人才的要求，将传授知识、培养能力、陶冶品性、激发创新意识、创新精神与创造性思维纳入教学目标范畴。其中，核心目标在于助力学生搭建合理的知识体系，激发他们对科学研究的浓厚兴趣，培养在科学探索中所需的意志与品格，锻炼学生以全新视角分析事物，提出创新解决方案的能力。重塑师生关系同样关键，新型师生关系应建立在人格平等、交互民主、和谐相处的基础之上，核心是师生心理兼容。在教学过程中，教师与学生通过充分的合作与交流，营造积极的学习氛围，使学生的思维得到充分启发，促进创新素质的培养，为学生成长为创新型科技人才创造有利条件。

从教师的角度来讲，必须牢固树立“学生主体”的观念，并充分发挥自身在教学中的主导作用。学生绝非消极被动的受教对象，而是一个个具有独特创造潜能和鲜明个性的主体，内心都蕴藏着创新的种子，等待被激发与培育。教育过程中的关系应从传统的“我—它”式物化关系，转变为“我—你”的互动关系，强调对话、包容和共享，教师与学生不再是单向的知识输出与接收，而是在平等交流中共同进步。在这样的关系下，学生的想法和观点能得到尊重，师生间思维碰撞为知识的探索和创新提供了更多可能。教师的职责不只是知识的传递，更要营造能够激发学生独立思考和自主探索的情境，要像引路人一样，帮助学生从知识的被动接受者转变为积极主动的知识探究者。可通过巧妙设置问题、提供丰富的学习资源，引导学生主动挖掘知识背后的逻辑和原理。倡导民主的教学氛围是提高教学质量的关键。教师应摒弃单方讲授的模式，通过多种方式引导学生有效参与教学过程。例如，揭示学科知识中隐藏的趣味点，激发学生的好奇心；适时进行心理干预，帮助学生克服学习困难；通过质疑与释疑，引导学生深入思考。在教学过程中，培养学生的综合能力是核心目标之一。教师要着重锻炼学生的洞察力、分析力、推理力、质疑力和思维力等。教学目标也应从单纯传授“正确”知识，向引导学生探索、分析和发现知识转变，让学生在探索中学会思考，在分析中掌握方法，在发现中获得成就感。同时，教师还应给予学生面对困难、解决问题和锻炼意志的机会。在解决问题的过程中，培养学生的自信心，使其敢于挑战权威，形成批判精神。同时秉持实事求是的态度，养成求实精神。

从学生的角度来讲，“自主意识”是其主体性得以充分发挥的基石，体现在自主性、主动性与创造性这三个方面。自主意识的提升是学生主体性发展的核心，直接影响着学生对自我的认知，以及对自我实现和发展方向的设定。比如拥有较强自主意识的学生，能更主动地制订学习计划，积极探索知识，展现出独特的创造力。提升自主意识，是让学生成为学习活动真正主体的关键。只有具备了自主意识，学生才能在学习中能动且创造性地探索知识。毕竟教育成效只有通过学生内化为自身的自觉需求，才能真正达成。从本质上讲，教育过程是客观因素转化为主观因素的过程，外在的教育力量唯有被学生内化为自觉需求，才能切实发挥作用。在创新型科技人才的培养中，自主意识的培育至关重要，是这类人才进行科技创新必备的基本素质之一。只有大力提升学生的自主意识，充分激发其主体性，才能让学生在学习过程中充分发挥能动作用，进而为社会培养出更多优秀的创新型人才。

（二）课堂教学方式的优化策略

在创新型科技人才培养的教育实践中，教学方法的选择与运用对教学质量起着决定性作用。提高教学质量，迫切需要构建开放且多元的教学方法体系，因为不同教学方法各有其独特的作用与局限性，只有综合运用才能满足学生多元的学习需求。

讲授式教学作为一种传统且基础的教学方法，在教学方式的优化进程中占据着重要地位，是教学方法体系的基石。以理工科的讲授式教学为例，教师首先系统讲解概念、原理，搭建起知识的框架，再通过实际案例或模型，将抽象知识引入具体应用场景，帮助学生理解知识的实际运用，最后借助作业与考试，检验学生对知识的掌握程度。讲授式教学的优势显著，效率高、耗时少，能够在有限的时间内，让学生迅速获取系统的理论知识，为后续的学习和实践奠定坚实的理论基础。不过，讲授式教学常遭诟病，这并非源自其自身价值存在缺陷，而是在实际应用中，由于方法不当，往往演变成“注入式”教学，致使学生被动接受知识，缺乏主动思考与探索的机会。为增强讲授式教学的效果，教师需要具备扎实深厚的基础知识，时刻关注学科前沿动态，在教学过程中巧妙运用质疑与释疑的技巧，引导学生思考，合理运用逻辑方法梳理知识脉络，注重理论与实践相结合，让学生感受到知识的实用性。在具体实施时，教师需精心准备每一堂课，运用生动活泼的课堂语言，吸引学生的注意力，密切关注学生的课堂表现和反馈，及时调整教学节奏与方法，通过多种方式激发学生的学习动机，鼓励学生积极思考，促进其多元思维的发展，加深学生对知识的理解与吸收，切实提高教学质量。

归纳式教学法正逐渐成为创新型科技人才培养的重要路径，涵盖了探究式学习、基于问题的学习、基于项目的学习等多种模式，这些方法以独特的教学理念和形式，激发学生对知识的探索兴趣，着力培养学生的自主学习能力和创造力，契合了新时代对创新型人才的需求。归纳式教学法具有鲜明的特点。一方面，它所创设的教学情境高度贴近现实生活，使学生能够迅速将所学知识与实际应用相联系，极大地增强了学习兴趣，有效提升了学生对未来社会和工作环境的适应能力。另一方面，归纳式教学法侧重于解决开放性问题，这类问题没有固定的标准答案，学生需要自主思考、探索，充分锻炼了学生的自主学习能力与创新能力，促使学生摆脱对教师的过度依赖，去主动探寻知识。在归纳式教学法的实践中，教师的角色发生了根本性转变，不再是知识的机械传授者，而是转变为学习引导者，引导学生自主发现问题、分析问题并解决问题。相应地，学生也从被动的知识接受者，转变为主动的学习者和研究者，在探索知识的过程中不断提升自身能力。具体而言，导学式教学法强调学生的自主学习，让学生在自主探索的过程中，成为学习过程的积极参与者，锻炼团队协作能力和实际问题解决能力；互动式学习通过强化师生互动、生生互动，促进自学能力、问题分析和创新思维能力的培养。归纳式教学法及其衍生的多种方法在未来创新型科技人才培养中占据重要地位。这些方法将教学重点聚焦于学生自主学习和创造力的培养上，借助教师角色的转变以及课堂互动的加强，为学生的全面发展筑牢根基，助力学生在未来的科技创新领域崭露头角。

应当注意的是，在创新型科技人才培养中，课堂教学方式的优化需要教师、学生和学校管理部门的协同配合，缺一不可。教师作为教学的直接实施者，应主动投身于教学方法的创新实践。这能让教师深入教学一线，精准把握教学中的实际问题，从而推动教学方法的优化。例如，教师可以通过参加教学实践，不断总结经验，探索出更适合学生的教学方法。学校管理部门要发挥统筹协调的作用，理顺并妥善处理影响教学方式改革的各方关系，包括教师的态度、教学方法掌握程度以及学生的需求等。通过制定有效的管理制度，为教学改革提供有力支持与合理约束。以兼具激励性与约束性的管理制度，推动教学方式的有效改革，为创新型科技人才培养创造良好条件。

（三）实践教学方式的优化策略

在创新型科技人才培养体系中，创新能力的培育是核心目标，创新的基础在于智力的高度发展以及创造力的提升。而创造力并非与生俱来，需通过持续的实践训练得以强化。实践在现代教育中占据核心地位，是推动教育发展与人才培养的关键要素。实践教学对学生能力培养意义重大，既能巩固学生所学的理论知识，又能有效锻炼学生的实践能力。与传统课堂教学相比，实践教学中学生的参与度更高，学生能够亲身操作、亲身体验，充分发挥自身的主观能动性，更好地凸显学生在学习过程中的主体性。优化教学体系时，要重新审视并平衡理论教学与实践教学的关系，杜绝“重理论，轻实践”的失衡现象。理论教学与实践教学应相互融合、交叉渗透，平行发展，两者虽各有侧重，但绝非简单的从属关系。在优化实践教学过程中，重点应聚焦于如何强化理论与实践的相互作用，促进两者的有机结合，使学生在理论与实践的良性互动中全面提升自身能力，成长为符合时代需求的创新型科技人才。实践教学方式的优化可从以下方面推进。

一是理论与实践相结合。在创新型科技人才培养的教学体系构建中，理论教学与实践教学的关系处理是关键，应着重强调两者的相互结合。创新型科技人才需要具备更强的实践能力，而传统定位下的实践教学无法有效达成这些培养目标，因此，应将理论与实践教学并行设计，使两者在教学目标、教学内容和教学方法上既紧密关联，又保持各自独特性。为进一步强化实践教学的作用，在课程体系中应提高实践教学的比重，合理安排课程，构建一个完整的、各部分相互促进的实践教学体系。

二是实践教学与学科专业发展、科学研究有机融合。传统的实践教学内容和方式已难以适应时代需求，亟待更新并有机融合实践教学与学科专业发展、科学研究。实践教学内容之间需建立有机联系，可设置探索性实验项目，激发学生的好奇心与探索欲。鼓励学生进行主动实践，推动实践内容从静态向动态、从结果导向向过程导向转变，强化学生的创新能力。依托学科优势和教师科研成果，将科研项目转化为实践教学平台，也是提高实践教学质量的有效举措，既能提高实验项目的水平，让学生接触前沿的研究内容，又能将科研思维和方法融入教学，全方位推动创新型科技人才的培养，满足社会对高素质创新人才的需求。

三是课内实验课程与课外实践活动有机结合。在创新型科技人才培养的体系中，课内与课外的有机结合是拓宽学生学习空间、提升学生创新素质的重要路径。应高度重视课内实验课程与课外实践活动的紧密衔接，让学生在课堂所学理论知识的基础上，通过丰富多样的课外实践活动，如科研项目参与、企业实习、学科竞赛等，获得更多自主研究的机会，从而有效扩大创新素质培养的空间。培养高素质创新型科技人才必须秉持理论与实践并重的原则。一方面，扎实的理论知识是学生发展的根基，为理解专业概念、掌握专业原理提供支撑。另一方面，学生综合能力与个性品格的全面发展同样不可或缺，这包括实践操作能力、团队协作能力、创新思维以及坚韧不拔的科研精神等。为了给学生创造更多实践和创新机会，需要积极拓展实践教学途径，延伸实践教学内涵。例如，与企业建立长期合作关系，开展产学研合作项目，鼓励学生参与实际生产中的技术研发与问题解决；组织学生参加各类社会实践活动，增强其对社会需求的了解。通过这些方式，强化课外实践活动对学习的助推作用，缩短理论学习与实践应用之间的时空距离，使学生能够及时将所学理论知识运用到实际操作中。此外还要将实践与创新能力的培养全面融入人才培养的各个环节，从课程设置、教学方法到评价体系，充分融入实践与创新元素，全方位助力创新型科技人才的成长。

六、重塑学生评价体系

在高等教育人才培养进程中，学生评价体系是极为关键的导向性因素，引导学生朝着既定培养目标奋力前行。学生评价体系具备“导向”“诊断”与“调节”

三大重要功能。“导向”功能为学生指明学习和发展方向，“诊断”功能能精准发现学生在知识掌握、能力发展等方面存在的问题，“调节”功能则依据诊断结果，调整教学策略与学生学习方法。创新型科技人才培养有着独特要求，迫切需要一套与之相匹配的评价体系。然而，现行学生评价体系存在明显不足。它过于侧重总结性评价，只关注学习结果，却忽视了对学习过程的形成性评价，以及对创新能力的创新性评价和对未来发展潜力的发展性评价。当前普遍采用的“综合素质评价”方法也存在诸多局限。如评价主体往往局限于教师，缺乏多元参与；评价内容多聚焦学业成绩，忽视创新思维、实践能力等方面；评价方法机械单一，多以考试、打分等形式为主；价值取向功利，过于看重成绩和荣誉。这些弊端严重制约了人才培养质量，要有效培养创新型科技人才，改革与创新学生评价体系势在必行。只有构建科学合理的评价体系，才能精准衡量学生发展水平，为创新型科技人才培养提供有力支持。

（一）重塑学生评价体系的原则

1. 评价内容的系统性和多维性

学生评价体系作为高等教育质量保障的关键环节，其内容构建需兼具系统性与全面性，紧密贴合社会发展趋势以及学生全面素质发展的内在需求。这要求评价体系需有机融合知识教育、人格塑造、专业教育与人文素养培育，达成个人发展与社会责任的和谐统一。评价指标的设计需呈现多维性。在关注德、智、体、美等基本素质的基础上，还应纳入对学生个性品格、思维能力、人文素质以及实践与创新能力的综合考量。个性品格体现学生独特的价值观与行为模式，思维能力反映其思考和解决问题的水平，人文素质彰显文化底蕴，实践与创新能力则是适应社会发展的关键能力。在综合素质培养方面，要引导学生将知识学习与品格塑造、能力锻炼深度融合，重视智力因素与非智力因素的协同发展，如观察力、思维力等智力因素，以及动机、兴趣、情感、意志和性格等非智力因素，共同影响着学生的成长与发展。此外健康维度的整合也不容忽视。学生的生理健康与心理健康相辅相成，健康的体魄是学习和生活的基础，良好的心理素质则有助于应对学习和生活中的各种压力与挑战。只有全方位构建科学合理的学生评价体系，才能有效促进学生全面发展，为社会培养出更多优秀人才。

2. 评价过程的动态性和发展性

在学生评价体系中，评价的动态性至关重要，它要求评价不能只聚焦于结果，更要密切关注学生的发展过程。重塑学生评价体系必须将形成性评价与终结性评价有机结合，前者侧重于学生在学习过程中的表现、进步和努力程度，后者关注最终的学习成果，两者相互补充，能有效促进学生的全面和差异化发展。本科阶段是学生世界观、人生观、价值观形成的关键时期。这一时期学生的政治思想、道德品质、智力结构和心理健康深受社会环境和教育内容的影响，呈现出动态发展的特征。比如接触不同的学术观点和社会实践活动，可能会使学生的思想发生转变，进而影响其行为表现。因此，评价需从多维视角出发，以发展的眼光综合分析学生在不同阶段的思想、道德、知识、能力和行为表现。在评价过程中，把过程性评价和结果性评价紧密结合，全面考量学生的发展轨迹。在对学生各方面素质现状进行判断时，不能孤立地看待当下，要结合学生的发展历程深入分析成因，科学预判学生的发展潜力，为学生提供有针对性的指导和建议，激励学生发扬长处，弥补不足，实现更好的成长与发展。

3. 评价标准兼顾共性与个性化

在构建学生评价体系时，评价标准的设定需兼顾共性与个性化，以契合人才培养的多元需求。评价标准的共性是确保学生成为负责任公民的基石，它着重强调学生必须遵循的基本理想、道德和行为准则。从教育的多维度来看，理论学习方面，要求学生扎实掌握专业知识，构建完善的知识体系；文化修养上，督促学生提升文化底蕴，增强对多元文化的理解与包容；科学素养层面，培养学生的科学思维、科学方法以及对科学的探索精神；心理素质方面，帮助学生塑造健全人格，具备良好的抗压和情绪调节能力。而在共性素质要求的大框架下，评价标准的个性化同样不容忽视。每个学生都是独一无二的个体，有着不同的特长、兴趣和爱好。关注这些个性特征，能够挖掘学生的潜力，让评价更具针对性，学生在自身擅长的领域绽放光彩。对于创新型人才培养而言，评价体系需进一步拓展维度。除考查学生知识和智能的提升外，还应纳入情感态度、价值观变化、创新意识、创新精神、实践能力等评价指标。情感态度和价值观影响着学生的学习动力与社会责任感；创新意识和精神是创新的源泉；实践能力则是检验创新成果的关键。只有全方位考量才能精准评估创新型人才的培养成效。

（二）优化学生评价方式的策略

在学生评价体系中，评价内容的全面性是衡量学生综合素质发展的关键。学生评价不能仅局限于知识与技能的考查，还应将情感、态度、价值观等方面的发展状况纳入其中。全面的评价有助于了解学生的整体发展态势，为教育教学提供更精准的反馈。然而，实际评价过程中面临着诸多现实性难题，对学生情感态度、价值观及创新能力的发展进行评价至今仍是棘手问题。教育目标追求的是全面育人，期望学生在知识、品德、能力等多方面均衡发展，但现有的评价手段却存在有限性，难以全面、准确地对学生这些隐性特质进行评估，这就导致教育目标的全面性与评价的有限性之间产生矛盾。各学科和理论流派都倡导评价理念与实践的转向，着重强调“关注过程”的发展性评价。建构主义、多元智能理论、教育人类学等观点，都共同认可从发展性的视角，对学生在情感、态度、价值观、创新意识、实践能力等方面的进步进行评价。这种发展性评价理念，能更动态、全面地展现学生的成长轨迹，弥补传统评价方法仅关注结果的弊端，为学生的发展提供更具针对性的指导。基于这一思想，优化学生评价方式可从以下几个方面开展。

一是在不同阶段采用不同的评价方式。在教学评价体系中，诊断性评价、形成性评价和总结性评价发挥着各自独特且关键的作用。诊断性评价是教学活动开展的前期重要准备。在课程开始之前，教师可运用问卷调查、访谈、小测试等多种调查方式，深度了解学生的基本认知水平与知识起点。以数学课程为例，开课前，教师可通过简单的知识点测试，了解学生对过往数学知识的掌握情况，并据此有针对性地调整教学内容与进度，为后续教学奠定良好基础。形成性评价贯穿教学过程始终。教师需对学生在课堂上的参与度、发言质量等课堂表现，以及作业完成的准确性、完整性，小测验中的成绩，小论文的撰写水平、实验操作的规范性与熟练程度等方面进行详细记录。将这些平时表现合理地计入最终成绩，并适当提高在总评中的比例，这样能更全面、动态地反映学生的学习过程，激励学生持续积极参与学习。总结性评价则在课程学习结束后展开，形式丰富多元，可根据学科特点灵活选用。对于理论性较强的学科，如历史、政治，可采用卷面考试的形式，考查学生对知识的记忆与理解。对于实践性、创造性突出的学科，像艺术设计、计算机编程，可通过学生提交的作品来评估其知识运用与技能掌握程度，以此对学生在整个课程学习阶段的成果进行全面总结。

二是评价主体多元化。教师作为学生素质发展的主要评价主体，在教学过程中与学生互动密切，长期观察着学生在课堂上的知识掌握、思维表现，以及在实践活动中的能力运用等，因此对学生的学习情况和成长变化最为了解，在评价中具有关键话语权。学生自身也应主动参与评价。学生对自身的努力、困惑以及进步有着最直接的感知，可以依据学校或教师提供的标准，对自己在知识、技能、品德、心理等维度的发展状况进行自我评价，有助于增强自我认知，促进自主学习与自我提升。社会单位同样是重要的评价主体。社会单位通过评估毕业生在工作岗位上的职业技能、团队协作、创新能力等的表现，能够切实反馈出人才培养质量，为高校人才培养方案的改进提供极具价值的参考。此外，学生管理者、同学、家长等与学生学习或生活紧密相关的人员，也可以成为评价主体。学生管理者能从学生日常行为规范、校园活动参与等维度给出评价；同学之间相互了解学习状态和合作能力；家长则熟悉学生在家中的表现和成长环境。多主体、多角度、多层面的评价信息相互补充，可更精准地衡量学生的素质发展水平，推动教育教学的改进与完善。

三是对学生进行跟踪评价。学生素质发展处于持续动态变化之中，这就要求采用多维度的全面评价方式，以精准把握学生的成长轨迹。建立学生发展档案进行动态跟踪评价不失为一种行之有效的手段。学生档案内容涵盖广泛，自然指标记录学生的基本信息为后续评价提供基础参照；专业学习质量和考试成绩反映学生的知识掌握程度；论文数量和发表文章体现学生的学术研究能力；社会活动展现学生的实践能力与综合素质；奖惩经历则从侧面反映学生在各方面的表现。档案可助力教育者根据评价结果调整教学策略，促进学生更好地发展。

第三章 科技创新背景下科技人才培养的协同体系建设

第一节 创新型教师队伍建设

一、创新型教师队伍与创新型科技人才的培养

（一）创新型教师的内涵与特征

创新型教师是指那些具有创新教育理念和创新人格品质，善于根据教学情境灵活运用各种教育技术和方法，注重培养学生的创新意识、创新精神和创新能力的教师群体。相较于过度强调高深知识传授的经验型教师，创新型教师的特征可以概括为如下几个方面。

1. 创新型教师应树立契合时代精神的教育观

创新教育以提升学生的创新意识、开发创新能力为核心，致力于培养适应时代发展需求的创新型人才。从教师层面来看，创新型教师不再是传统意义上直接提供现成真理的知识灌输者，而是转变为引导学生发现问题的引路人。通过巧妙设问、创设情境等方式，激发学生的好奇心与探索欲，引导学生主动去发现问题、思考问题。从学生层面来看，创新型教师需充分尊重学生个性，关注学生在情感、道德和人格方面的发展，营造民主、和谐的教学氛围，鼓励学生大胆质疑、积极探索，让学生在自由的学术环境中充分发挥主观能动性。从知识层面来看，

创新型教师注重培养学生知识获取与迁移的能力，所传授的知识不再是僵化的内容，而是呈现出动态发展的态势，引导学生关注知识的更新与拓展，学会举一反三。从培养目标层面来看，将开发和培育学生的创新素质作为教育的最高目标，以创新能力为核心，全面提升学生的综合素养。从教学方法层面来看，大力提倡“发现式”和“研究型学习”，引导学生主动探索知识，让教学过程成为充满创造性的过程，激发学生的创新思维，挖掘学生的创新潜力。

2. 创新型教师应具备创新品格

创新型教师拥有独特的非智力因素——创新品格。这一特质既能有力激发学生的创新意识，推动学生创造性思维的进阶，还能在塑造学生创新品格的过程中发挥重要作用。例如，强烈的事业心和高度的责任感，强烈的好奇心与旺盛的求知欲，敏锐的直觉和丰富的想象力，开放性的人格和包容理解的良好心境等。这些品格特征决定了创新型教师将教育视为实现自我价值的崇高事业，在创造性的教学活动中感受责任和乐趣；善于运用自己的高尚人格熏陶和感染学生，造就学生；善于学习和接受新的知识，探索和尝试新的教学技术、工具与方法。

3. 创新型教师应构建综合性与专业性、开放性与动态性相结合的知识体系

知识在创新活动中占据基础性地位，个体的知识存量多寡以及知识结构的合理性，直接左右着创造性的强度和方向。知识储备丰富且合理的个体，往往能在创新活动中展现出更强的创造力，并精准把握创新方向。教师作为知识的传播者和引导者，其知识储备和结构发挥着关键作用，不仅深刻影响着教学活动的质量与效果，还在很大程度上影响着学生的成长与发展。创新型教师应构建起全面且多元的知识体系，学科专业知识是立身之本，教育理论知识为教学提供科学方法和策略指导，学科前沿知识使教学紧跟时代步伐，交叉学科知识打破学科壁垒。此外，教师的知识体系还涵盖自我认识、对学习对象和背景的了解，以及教学方法论，体现出了知识体系的综合性与专业性，要求教师既了解自身优势与不足，

又熟悉学生特点和教学环境，并能运用恰当的教学方法。创新型教师的知识具有多维性和动态性，需要不断与外界交流并补充新知识。新知识的注入能够打破原有的知识体系平衡，帮助教师突破思维定式，激发创新灵感，实现知识的灵活运用，达到育人的目标。最终在教学过程中有效提升学生的思维力、想象力和创造力，为学生的创新发展奠定坚实基础。

4. 创新型教师应具备从事知识生产、传播和应用所必需的职业能力

高等学校在知识生产、扩散、转移、传播、应用以及技术创新方面发挥着关键的作用，其作用发挥的强弱与教师的职业能力水平息息相关。创新型教师的能力特征主要体现为：①教学与学术研究能力。包括贯穿教学活动的组织、传导和调控能力；注重师生交流、引导学生思考和形成创造力的能力；在科研活动中产出原创性研究成果的能力；注重以身示范影响学生科研素质形成的能力等。②知识获取与吸纳能力。包括通过不断获取新知识、新技术实现知识迭代和完善知识结构的能力；运用协作式的知识更新模式促进知识的充分交流和共享能力等。③社会服务的能力。包括预测科技发展与社会未来需求的前瞻能力、科研成果转化能力等。

5. 创新型教师应具备强烈的自我发展主体意识，这是其在教育领域持续进步与创新的关键要素

教师的自我发展主体意识对自身发展意义重大，它如同深层动力源，能够有效激发教师的内在动机。当教师拥有这种意识，便不再满足于按部就班地完成教学任务，而是主动追求教学能力的提升和专业知识的拓展，积极探索更高效的教学方法，以满足学生日益增长的学习需求。同时，自我发展主体意识还能助力教师摆脱单纯作为“知识传递工具”的状态，在教学实践中不再机械地遵循既有模式，而是深入研究教学内容与学生特点，融入自身思考与见解，逐渐形成独特的教学风格，使教学更具吸引力和感染力。在教学活动中，自我发展主体意识推

动教师独立思考、自主创造，不再依赖现成的教学方案，而是结合教学实际创造性地设计教学环节，灵活运用多种教学手段，着力培养学生的创新思维和实践能力。从教师角色转变角度来看，自我发展主体意识的形成是传统经验型教师向创新型教师转化的重要标志。传统经验型教师多依赖过往经验开展教学，而创新型教师凭借自我发展主体意识，不断反思、创新，为教育注入新活力，推动教育事业向更高水平迈进。

6. 创新型教师应具备发散性的认知加工方式

他们不拘泥于常规的知识传授路径，强调通过多渠道、多角度对知识进行加工和讲授。比如，在讲解历史事件时，除依据课本内容外，还会引入不同学者的观点、历史文物资料以及相关影视作品等，拓宽学生的知识视野。他们也不单纯依赖发散性，还辅以收敛性加工方式，在学生进行广泛思考后，引导学生对知识进行归纳总结，帮助学生构建系统的知识体系。在认知方式上，创新型教师更倾向于独立性，处于场依存性和场独立性之间。这意味着他们既不过分依赖外界的教学模式和标准，又能合理吸收外界有益经验，根据教学实际和学生特点灵活调整教学策略。在情感特征方面，创新型教师具备博爱情感，真诚地关心每一位学生。他们善于发现学生的优点与不足，在教学中注重“因材施教”。对于学习能力较强的学生，提供更具挑战性的学习任务，激发他们的潜力；对于学习困难的学生，给予更多耐心和指导，帮助他们克服困难，让每个学生都能在学习中获得成长与进步。

（二）创新型教师在创新型科技人才培养中的作用

当今时代，我国高等教育正处于深刻的变革进程之中，如何培养创新型人才已成为改革发展所面临的核心问题之一。随着社会的快速发展和科技的不断进步，创新型科技人才的匮乏对各领域的发展形成了一定制约，因此，高等教育培养创新型人才已刻不容缓。教育创新是其他创新工作得以开展的根基，源源不断地为其输送知识和人才。在教育创新的过程中，教师肩负着重大使命。他们是教学活动的直接组织者和实施者，其教学理念、方法和态度直接影响着学生的学习效果和创新思维的培养。富有创新精神的教师能够打破传统教学模式的束缚，积极探索新颖的教学方法，激发学生的好奇心和求知欲，引导其主动思考、勇于创新。只有教师自身具备创新精神，才能为学生营造出有利于创新的学习环境，培养出具有创新能力和创新思维的人才，为我国各领域的创新发展提供坚实的人才支撑。由此可见，打造一支能够胜任创新型科技人才培养模式的创新型教师队伍，对于创新型科技人才的教育培养至关重要。教师作为人才培养的实施者，在学生知识体系的建构、思维方式的训练、个性品格的熏陶、综合能力的锻造以及创造力的养成过程中发挥着决定性作用。创新型教师在创新型科技人才培养中的作用主要表现在以下几个方面。

首先，创新型教师是新知识的生产者与传播者，其教学活动直接决定着学生知识体系的建构水平。科技创新需要以充分的知识储备和良好的知识结构作为基础，而这些“基础”“材料”和“前提”的形成离不开教师的创造性劳动。

其次，创新型教师既是创新教育理念的倡导者，又是积极的实践者，发挥着不可替代的引领作用。他们始终致力于探索教育教学规律，深知教育并非一成不变，而是需要与时俱进，主动更新教育观念，摒弃传统教学中那些陈旧、固化的理念，积极拥抱新的教育思想。在教学内容和方法上，他们结合时代发展需求和学生特点，对教学内容进行优化与更新，引入前沿知识和实际案例，增强教学内容的实用性和吸引力；同时积极探索多样化的教学方法，如项目式学习、探究式教学等，激发学生的学习兴趣和主动性。创新型教师尤为注重培养学生的主动学习精神，鼓励学生积极主动地获取知识，而非被动接受。在教学过程中着重培养学生的创造性思维，引导学生突破常规思维模式，大胆质疑、勇于创新。他们还关注学生的全面发展，力求学生在知识、品德、身心等多方面共同进步。鼓励学生在基于自身兴趣和潜能的基础上，实现个性化成长。只有依靠创新型教师的有效引导和扎实实践，才能培养出具有创新精神和能力的优秀科技人才，满足社会发展对高素质人才的迫切需求。

再次，创新型教师是创新精神的示范者和践行者，其个体的学术风范、创造力等，对于学生创新素质的培育具有潜移默化且深远持久的影响作用。

最后，创新型教师的科技创新实践活动既是科技创新的源泉，也是培养创新型科技人才的重要依托。在创新驱动发展时代，创新型教师在不同类型的创新活动中发挥着不可替代的独特作用。在原始创新方面，凭借深厚的学术底蕴和敏锐的洞察力，为全新理论和技术的诞生提供思想源泉；在集成创新中，整合多元知识与技术，促进创新成果的有机融合；在二次创新时，对已有成果优化改进，推动其更广泛应用。为更好地履行职责，创新型教师需要不断汲取前沿学术成果，持续充实自身理论体系，推动科技与理论的创新发展。同时，通过知识与技术创新实践，培养学生的创新意识，激发他们对创新的内在需求。在日常教学实践中，教师应积极引领学生参与创新活动，使学生在实践中提升创新能力。正因如此，创新型教师成为创新型科技人才培养的关键依托，有力地推动着人才培养的进程。

二、我国高校创新型教师队伍建设现状与问题

（一）创新型教师队伍建设的现状

随着科教兴国、人才强国以及创新型国家建设等国家战略的全面推进，高校创新型教师队伍建设愈发关键。为提高高等学校的人才培养水平和科技创新能力，教育部在《面向 21 世纪教育振兴计划》中提出实施“高层次创造性人才工程”，2004 年又制订“长江学者和科技创新团队发展计划”，将创新团队

建设作为高等学校发展战略的重点。其后，全国各省市亦相继制订了地方性的“科技创新团队发展计划”。这些不同层次发展计划的实施，对高等学校创新型教师队伍建设产生了积极的推动作用。总体而言，“985工程”“211工程”建设高校、教育部直属高校对于创新型教师队伍建设的重视程度高，在相关支持资源的获取方面具有较大优势，采取的措施有力且取得一定成效。而一般的地方性本科院校由于受资源条件限制，虽有创新型教师队伍建设的意识，也采取了一些措施，但实质性的成效尚未显现。具体而言，高等学校在创新型教师队伍建设方面所采取的主要举措包括以下几个方面。

1. 实施各类人才发展计划

通过“领军人才队伍建设”“高层次人才队伍建设”“青年人才培养工程”等项目促进创新型教师队伍的逐步形成。全国所有的“985工程”建设高校均将广揽领军人才工作作为人才队伍建设的重中之重，其目的就在于依托领军人才来建设一流的师资队伍，培养一流的学生、产出一流的科研成果。除积极引进领军人才和顶尖人才之外，加强对青年教师的能力培养是许多高校进行人才队伍建设的一项重要内容。例如，武汉理工大学在青年教师队伍建设过程中，着力促进青年教师提升“四个能力”：一是提升国际化能力。每年遴选80名左右学科建设急需的中青年学科带头人和学术骨干赴国际知名大学和研究机构做访问学者，引进50名左右海外知名大学博士（后），提升青年教师的国际交流和合作研究能力。二是提升实践能力。重点支持中青年教师到实验室、科研基地等进行实践锻炼，每年选派100名左右青年教师赴大型骨干企业从事一年以上实践能力培训，提高工程设计与应用能力。三是提升教学能力。建立完善青年教师导师制、助课制、教学培训制、集体备课制、教学团队制。实施青年教师教学卓越计划，开展教学法研究和教学研究专项资助，构建青年教师教学能力评价考核体系。四是提升科研能力。设立“青年教师科研能力提升专项基金”，为青年教师提供科研培训和学术交流机会，支持青年教师开展预研工作。

2. 制定科学合理的用人制度，打造充满活力的教师梯队

世界一流大学的成功经验表明，科学合理的用人制度是打造充满活力教师梯队的关键。要通过明确的岗位要求、科学的招聘流程以及完善的激励机制，吸引不同背景、各具专长的优秀人才加入教师队伍，为高校的发展注入持续的动力。同时，要通过制度设计，规避“近亲繁殖”现象。同一所高校毕业的教师在学术理念和研究方法上可能较为相似，长期如此会限制学术的多元化发展。通过积极引进外校优秀人才，使不同学术思想和研究方法相互碰撞、交融，确保学术多样性，为创新营造良好的学术生态。重视中青年学术骨干的引进和培养，是高校增强创新活力的重要抓手。中青年科研骨干正处于创造力旺盛的阶段，他们思维活跃，对前沿领域有着敏锐的洞察力。尤其是对于那些富有创新活力的青年教授，高校应通过特殊评审晋升机制，给予他们更多的发展机会和资源支持，充分激发他们的创新潜能。终身教授制度的实施旨在消除科研短期行为。传统考核体系下，部分教师可能为了完成考核指标而追求短期成果，放弃了对学术难题的长期深入研究。终身教授制度给予教师长期稳定的职位保障，解除了考核压力，使他们能够专注于具有挑战性的科研项目，持续促进学术创新。此外，推行学术休假制度也是提升教师创新能力的有效途径。在学术休假期间，教师可以全身心投入科研交流活动中，与国内外同行分享研究成果、交流研究思路，拓宽学术视野。这既有助于教师个人的专业发展，还能为产出原创性科研成果创造有利条件。通过这些举措，能够激发教师的创新活力，为高校科研水平提高和教育质量提高提供坚实保障，助力我国高等教育事业迈向新的高度。

3. 创新科研管理模式，搭建创新型教师成长平台

近年来，我国不少高校以“985 工程”“211 工程”建设为契机，整合科技资源，组建了大量的基于学科、研究专项、实验室的科技创新团队，加强了对有利于创

新协作和学科交叉的研究平台的建设。这种科研组织形式的探索创新不仅有利于科技人才队伍的健康成长，而且有利于把握科学研究的战略重点，保持稳定的研发方向。比如，学校积极为科研团队对接各类科研项目资源；合理分配研究生名额以充实研究力量；提供宽敞且设备齐全的实验室空间；灵活设置编制数满足人才需求；广泛搭建国际合作平台拓宽研究视野。经过长期的实践与积累，这种“捆绑式”管理模式初步促使学校形成了实力雄厚、结构合理，兼具创新能力和协作精神的学科梯队，在推动学科发展、解决国家重大问题等方面发挥着重要作用，也为学校的长远发展奠定了坚实基础。

（二）创新型教师队伍建设存在的问题

从我国高校创新型教师队伍建设的普通情况看，目前存在的主要问题包括以下几个方面。

1. 创新型教师队伍建设工作缺乏系统性

许多高校在制定师资队伍建设发展规划时，未将创新型教师队伍建设作为其中的核心内容，片面强调未来高水平师资的引进指标或师资队伍在职称、学历等方面的数量与结构发展指标，而对于教师队伍的整体创新能力的发展指标缺乏应有的关注。在缺乏系统规划的情况下，创新型教师队伍建设主要依靠某些单项人才发展计划项目或创新团队推进，但由于单项人才发展计划项目的政策覆盖面小，难以惠及绝大多数教师。而创新团队往往集中于有限的优势学科，其对于创新型教师队伍建设往往只能产生局部性的影响。尤其是近年来一些高校将师资建设的工作重点和优势资源集中于领军人才、顶尖人才的引进方面，一般教师的创造性成长问题甚至在一定程度上被忽视。

2. 制约创新型教师队伍建设的某些制度性因素依然存在

对于创新型教师而言，科研和教学是互相补充，相互促进的，重视科研而轻视教学，在很大程度上是对职业身份的背离；重视教学而不做科研，则难以提高教书育人的水平。但目前很多高校对教师的考核评价大多只片面强调教学和科研工作的“量”。特别是很多高校对于教师科研，在论文发表的数量，发表刊物的名称、级别等方面有非常具体的“刚性”要求，且这些“刚性”要求与教师职称、收入直接挂钩，而教师从事专业课程教学的工作量在总工作量中所占比重很低。这种不合理的教师考核评价制度直接催生了教师行为的功利化倾向，使教学工作在教师的职业活动中处于次等化甚至边缘化的位置，教师进行教学方法创新的动力严重不足。

3. 以创新团队为主要形式的创新型教师队伍建设存在功利化的拼凑现象，缺乏必要的学科交叉

在高等教育领域，科技创新团队建设对于提升高校科研实力、推动学术进步意义重大。然而部分高校在团队建设过程中存在诸多问题频发。如有些高校未经过严谨的系统论证，仅凭主观意愿随意搭建团队。这些团队组建的初衷并非为了真正开展科技创新研究，而是单纯为了获取各类资源，最终团队徒有其表，并非真正意义上的创新团队。这类问题团队在运行过程中弊端尽显。缺乏共同愿景，成员对团队目标缺乏清晰认知与深度认同；情感承诺不足，成员对团队归属感淡薄；人际信任缺失，沟通协作存在障碍；团队结构松散，成员之间缺乏紧密联系，导致磨合期漫长；成员知识共享意愿低，难以实现知识的交流与融合；价值取向融合度低，无法形成合力。由于上述问题影响，团队生命周期短，难以产出重大科技创新成果。此外许多创新团队基于学科组或教研室自发形成，存在天然的局限性。这些团队规模较小，研究方法因长期处于相同学术环境而趋于雷同，“近亲繁殖”现象严重，不同学科间缺乏有效交叉融合，思想碰撞不足，在这种情况下，很难产生具有突破性的原创性研究成果，限制了高校科研水平的进一步提高。

4. 目前的教师培训和招聘模式在创新型教师培养上存在明显短板

在当今教育发展需求下，教师的教育培训模式暴露出诸多难以满足创新型教师队伍建设需求的问题。从培训内容与方法来看，其并未充分考量教师的实际工作特点，同时也忽视了高校教师独特的学习特性。例如，培训未能结合高校教师教学与科研并行的工作实际，导致培训内容与实际工作脱节。继续教育也未能有效传授创新型学科知识、教育技能、思维方法和科研能力。无效的知识传递，使教师在教学与科研实践中缺乏必要的创新要素支撑。在高校教师招聘环节，过度侧重学历，尤其是“985”“211”高校学历，却对师范教育背景、教学水平和教学方法的掌握重视不足。这导致部分入职教师虽然有高学历，但教学能力欠佳。部分教师由于缺乏创新教育思想的熏陶，难以形成有效的教学创新能力。

5. 部分消极文化因素已成为创新型教师队伍建设的隐形障碍

大学教师的创新精神和创新活力正遭受大众文化、官僚文化和原子文化的侵蚀。大众文化以其强大的传播力和影响力，逐渐削弱了大学教师的个体文化。在大众文化的影响下，教师的文化表达趋于碎片化，难以进行深度的思考与沉淀；思想呈现平面化，缺乏对知识的深度挖掘与创新；行为走向同一化，难以突破常规，超越既有的行为领域，抑制了创新思维的产生。官僚文化使工具理性主导了大学组织文化，管理主义和绩效主义肆意泛滥；行政权力过度扩张，严重压制学术权力；教师在学术研究与教学创新上的自主性受到极大限制，创新的积极性被挫伤。原子文化下，过度竞争破坏了大学的区域文化生态，教师之间缺乏互助合作，更多的是利益博弈和市场竞争，难以形成良好的学术交流与合作氛围，极大地阻碍了创新型教师队伍建设。

三、高校创新型教师队伍建设的策略

为更好地建设一支创新型教师队伍，切实提高创新型科技人才培养的师资质量，高校至少可以在以下方面采取一定的措施。

1. 将创新型教师队伍建设作为师资队伍建设的一项系统工程加以推进，使创新型教师队伍建设由惠及少数教师的局部性工程上升为惠及全体教师的基础性、战略性工程

创新型人才的培养，其前提条件之一是广大高校教师接受和树立创新教育的理念、熟谙创新教育的技能和方法，且其本身即拥有强烈的创新意识、创新精神和创新思维方式。换言之，它要求广大高校教师首先自身成为创新型人才，否则，便无法承担创新型人才培养的重任。因此，创新型教师队伍的建设必须作为面向全体教师的基础性工程和战略性工程加以规划，制定体系化的配套措施并有计划地稳步实施，方能实现与创新型人才培养目标的协同共进。

2. 改革制约创新型教师队伍建设的管理制度，建立科学合理的引导机制，推动教师行为的去功利化

制度对于人的行为具有调控、指示与限制作用，制度亦是表达组织价值理念的重要载体。我国高校在进行创新型教师队伍建设过程中所面临的教师行为功利化等问题，很大程度上源于高校的教师管理制度导向上的“急功近利”。为此，必须摒弃制度设计的短视行为，理性构建教师管理制度体系，引导教师在教学和科研之间自觉地寻求平衡，促使其在两个方面同时成长，以胜任创新型科技人才培养的需要。针对目前高校在教师管理中存在的一些共性问题，教师管理制度的改革与再设计应体现以教师为本的理念，即教师并不是管理者实现自身政绩和某一发展目标的工具，也非行政权力的附属者，而是实现大学职能的基本主体。同时，教师作为富有思想、人格独立的群体，其管理应体现柔性化的原则。教学和科研均为高校教师的崇高使命，两者并无孰重孰轻之分，不应在教学和科研绩效评价制度设计上失之偏颇。在一定的时期内，应该允许教师根据自己的实际情况对工作重心作出灵活安排。教师管理制度的设计唯有以上述理念和原则为指导，

并充分体现民主性、宽容性，方能真正为创新型教师队伍建设释放活力。

3. 完善创新型教师队伍建设的支持条件，为教师职业素质的发展提供多元化的资源平台

一方面，高校应为创新型教师队伍建设搭建科研平台。通过加强与行业合作，采取项目协作、课题招标、联合攻关，以及共同进行新产品研发、新工艺推广等工作，强化科技创新对经济社会发展的推动作用。另一方面，高等学校应充分重视继续教育培训在创新型教师队伍建设中的作用，通过构建制度化、全面性和先导性的培训体系提升教师的创新素质。在培训形式上，可以通过岗前培训、在职进修、专家讲座等多种手段，提升教师的教学能力。

4. 推进创新团队与相关学科的协同发展，以有效增强其对创新型教师队伍建设的带动作用

学科作为高校学术活动的基本单元，不仅是衡量高校办学水平的关键指标，更彰显着学校的办学特色。在当下，学科分化与综合趋势日益明显，科技进步与学科发展紧密相连，形成共生关系。一方面，科技的飞速发展为学科拓宽研究领域、创新研究方法提供了支撑；另一方面，学科的发展又反哺科技进步，催生新的科技成果。基于此，高校亟须建立知识共享、资源互补、协同创新的有效机制，充分依托自身的学科和人才优势，大力促进学科交叉与融合。以学术带头人为核心，组建高层次、开放型、多元化的科研创新团队，建立“学科 + 团队”工作机制，引导团队开展前瞻性科学研究，为学科发展注入活力。这种协同发展模式，能够有效促进学科交叉与融合，助力创新型教师队伍的建设。高校要充分利用学科和团队优势，推动科技前沿研究与学科共同发展，进而为教师队伍的创新与成长营造良好环境。

5. 营造创新型教师队伍建设的良好环境，为教师创新活力的充分释放提供正向力场

建设创新型教师队伍需要营造一个鼓励创新、崇尚创造的环境，这要求高校要在文化建设方面具有明确的导向，构建契合学术精神的文化逻辑，积极塑造支持创新的文化氛围，并抵御那些与创新目标相悖的文化因素。这样的环境能够有效激发教师的创新潜力，为创新型教师队伍的建设提供强有力的支持。学术创新的动力来源于个体的文化认同，以学术创新为内核的个体文化，可为高校教师的学术创新提供持久的动力。学术创新的推动既依赖于外部条件，又离不开教师个人文化认同的支撑。个体文化的根基是教师对创新的认同和践行，这种认同成为学术创新的文化逻辑起点，能够引导教师在工作中始终保持创新意识。要建立创新型教师队伍，必须解决教师的身份认同和价值认同问题。教师应当从创新者的身份出发思考和行动，将学术创新内化为个人的核心价值取向。唯有如此，教师才能自觉地将创新目标融入日常教学和科研工作中，从而形成持续的创新驱动力。在价值理性引导下，推进高校的民主组织文化建设至关重要。强化民主文化，消除学术官僚文化等负面影响，可以为创新型教师队伍的建设提供更加健康的文化土壤。学术组织应避免工具理性主导的管理模式，而应注重激发教师的创新活力和学术参与感，进而推动学术创新的不断发展。

6. 拓宽创新型教师队伍建设的视域范围，充分利用校外科技人才资源为创新型科技人才培养服务

创新型教师队伍建设，应突破传统高校内部的局限，拓宽视域范围，整合校外科技人才资源，服务创新型科技人才培养。积极联动高科技企业和科研院所，挖掘其人才储备的富矿。聘请具有丰富研发实践经验的科技人员作为兼职教师，将新技术、新工艺的应用与推广融入教学，并指导学生开展科研实践。这种合作模式既能够实现教学过程中理论与实践的深度融合，又能帮助学生更好地理解和

感知科学与工程实践的现实场景，从而提高创新型科技人才的培养质量。

第二节 创新教育与科研环境建设

一、创新教育的应然特征

创新教育的本质在于其超越性，即提升个体所拥有的创造意识，培养把创造意识变成现实成果的能力。对于创新型科技人才培养而言，与此本质相适配的环境应具有“自由”“宽容”“支持”和“开放”等基本特征。

（一）自由

自由是人作为人存在的基本规定性。就自由与创新的关系而言，自由思想与创新精神总是如影随形的，创新是自由思想流动的产物，创新只有在不受束缚地发展自己的条件下才能生成。只有获得思想自由的人，才能获得创新的内在动力。而思想自由的流动，离不开自由的环境。英国卡文迪许实验室以“茶时漫谈会”的形式营造出一种自由讨论的学术氛围和宽松的创新环境，先后培养出 20 余位诺贝尔奖获得者。美国心理学者罗杰斯认为，“心理安全”和“心理自由”是创造力培育的两个重要条件。在压抑、恐惧的心理状态下和在追求服从、压制个性、排斥立异的环境氛围中，学生创新思维和创新品格的发展毫无疑问地会受到抑制和剥夺。因此，自由性是创新教育环境理应具备的基本特征。

（二）宽容

宽容是指对待异己的观念和信仰持公正理智的态度，在不损害他人利益的情况下，给予他人自由行动与独立思考的权利。这一理念在创新人才培养的语境下具有特殊意义。创新与宽容紧密相关。创新需要宽容的环境。宽容涵盖了对独立个性、多元兴趣、异己观点和思想的包容。这是因为创新往往伴随着对传统的突破，需要多元的视角和独特的思考方式。宽容在创新型科技人才培养中有着多方面的具体表现。一是容忍失败并承认失败的价值。创新过程充满不确定性，失败是常态，只有宽容失败才能鼓励持续探索。二是尊重独创性，鼓励多样性。独创性和多样性是创新成果丰富的源泉。三是提供积极反馈。如支持、肯定、接纳、认同、赞扬等，这有助于创新者保持积极的创新动力。宽容在创新型科技人才培养中起着至关重要的作用。一方面，它能够培养学生自信心，而自信心作为创新的内驱力，激励着学生积极探索创新。另一方面，宽容有助于培养学生的批判精神和发散性思维。批判精神使学生能深入思考既有模式的不足，发散性思维则为创新提供了更多的可能性，这些都为创造提供了“技术”支持。从这个意义上讲，富有宽容性的创新教育环境是学生创新素质培育必不可少的生态条件。只有在宽容的教育环境中，学生才能勇于质疑，发表见解，大胆创新，成长为个性鲜明的具有创新意识、创新精神和创造能力的人才。

（三）支持

支持性环境是指在个体创新素质的培养和展现过程中，能够为其提供物质、心理或情感支撑的良好环境。研究表明，高创造性人才的成长和发展往往依赖于支持性环境，他们在专业领域中所处的氛围也通常充满支持性。但美国创造心理学研究者斯腾伯格和鲁巴特进一步指出，一个鼓励和看重创造力的环境对创造力是有利的，然而，一个完全良好的支持环境，一个从来不需要去抗争的环境，也不尽然是最理想的。按照这一观点，创新型科技人才的培养应该有一个大致良好的支持环境，但也要适度融入一些挫折、障碍物。与此同时，创新教育环境的支持性既表现为对活动机会等外在条件的创设，也表现为对个体好奇心和求知欲的保护，以及独立性等创造性人格品质发展的鼓励。环境所提供的支持促进了创造潜能的发挥和创造力的发展，使创造的可能性转化为现实性。

（四）开放

耗散结构理论指出，开放系统在远离平衡态以及非线性作用条件下，能够借助涨落从无序状态转变为有序状态。在这一过程中，通过引入负熵可抵消或削弱系统内部的熵，从而实现从混乱到有序的转化。该理论为理解创造力系统的运行机制提供了重要启示。创造力系统可类比为一个开放系统。在创造力系统中，人的创新素质和创造力的形成依赖经验信息以稳定的形式存在于系统内。然而传统知识的输入如果缺乏创新思维的引导，以及思维定式的不断强化，会增加系统内部的正熵。当正熵积累到一定程度时，创造力系统就会趋向“热寂”，即创新活动停滞不前。为了保持创造力的生命力，就必须不断从外界获取新的信息，并运用创新思维对已有的知识进行重新组合。新信息和新的知识组合能够增加创造力系统内的负熵。随着负熵的增加，系统内部的熵值减小，从而推动系统从无序向有序转变，促使新的创意和创新成果不断涌现。创新教育环境的开放性至关重要，不仅包括文化和人际关系的开放，还应涉及观念和信息的开放。这样的环境能够使学生接触多元的文化、观点和信息，为创造力的发展提供丰富的素材。因此，要维持和提升创造力，必须为学生提供一个开放的创造教育环境，不断输入新知识和信息，鼓励创新思维方式。通过减少正熵并增加负熵来促进系统的有序发展，保障学生的创造力得以持续提升。

二、创新教育的培育路径

当前，在我国高校的创新型科技人才培养过程中，教育环境的适配性依然是一个值得关注的问题。为了营造自由、包容、支持和开放的创新教育环境，高等学校应以提升物质环境为基础，以优化制度环境为突破，以营造精神文化环境为核心，坚持软环境与硬环境建设同时并举的方针。具体而言，创新型科技人才培养的环境培育可沿以下路径推进。

（一）加强创新型科技人才培养的物质环境建设

高等教育事业的发展，培养大批包括创新型科技人才在内的高素质创新型人才，最根本的环境保障就是以教育投资为基础所形成的物质环境。而要构建良好的物质环境，必须有充裕的教育经费投入作为保证。正如美国教育行政学者所言：“学校经费如同教育活动的脊椎。”教育质量与教育经费投入之间呈正相关的关系，教育投入的不足必然会直接影响教育质量及其可持续发展。

近年来，虽然我国高等教育经费投入总量呈不断上涨趋势，高等学校的办学条件和物质环境亦得到显著改善，但相对于高等教育事业发展的实际需求，教育经费投入不足依然是很多高校面临的现实问题。为了改变这种状况，必须进一步加大高等教育的经费投入力度，并通过多种途径筹集办学资金以提升高等学校人才培养的物质环境。一方面，各级政府应切实落实教育优先发展的国家战略，继续增加对公共教育经费的投入，不断提高其占国民生产总值的比例，力争早日达到和超过世界平均水平。另一方面，高等学校应积极拓宽办学经费的来源渠道，通过校办产业、社会服务、社会捐赠等非财政渠道筹集资金并提高资金的配置效益，为创新型科技人才培养过程中的教学、科研和生活提供良好的自然环境、设施环境与时空环境支持。

（二）优化创新型科技人才培养的制度环境

在高等教育迈向创新与发展的进程中，教育环境创新尤为关键，这离不开观念和文化的深刻变革。创新教育环境，首先需要对传统教育观念进行革新，推动文化的与时俱进。然而，观念变革在缺乏实际支撑时往往难以落地生根。在现行教育制度中，旧观念和旧文化依然顽固存在，制约着教育创新的步伐。例如，传统的应试教育观念在部分教育者和管理者心中根深蒂固，尽管素质教育理念已广泛倡导，但在实际教学和管理中，仍然难以完全摆脱旧有模式的束缚。相较于观念创新，制度创新在教育变革中发挥着更为关键的作用。它能够为教育观念的更新提供坚实的保障，有效推动教育领域的破旧立新。建立科学合理的制度体系，可以引导教育者和管理者将新的教育观念转化为实际行动，确保教育创新持续推进。优化政府和学校的关系是教育制度创新的重要一环。政府需要对高等学校的管理模式进行改革，妥善平衡宏观管理权与学校自主办学权之间的关系，切实落实高校办学自主权。只有明确了双方的权责边界，高校才能在遵循国家教育方针的基础上，根据自身的特点和发展需求，灵活制定发展战略，提高教育质量和办学效益。高校的学术自主权处于核心地位，它是高校学术创新和自由讨论的基石。拥有充分的学术自主权，高校能够营造有利于学术传承和创新的良好环境，吸引优秀的学者和科研人才，激发学术创新活力，推动学术研究的深入开展。制度改革应从多个维度发力。深化招生考试制度改革，运用科学的选拔机制，选拔出具有创新潜力和综合素质的学生；支持高校根据社会需求灵活调整学科专业，使人才培养与市场需求紧密对接；高校自主开展教育教学活动，因材施教，促进学生的全面成长；扩大高校人事管理权限，赋予高校更多的用人自主权，激发人才的创造性；支持高校积极开展科研、技术开发和社会服务，提升高校的社会影响力和服务能力；扩大高校财产管理权限，提高经费使用效率，保障高校各项事业的顺利开展；支持高校的国际化发展，加强国际交流与合作，提升高校的国际竞争力。推动高等教育创新与发展，核心在于通过制度创新，确保高等学校能够充分行使自主权，营造有利于学术创新和自由发展的良好环境。政府需优化管理模式，全力支持高校自主权的落实，推动教育体系的全面改革与进步。

对于高等学校自身而言，也需进行学校内部相关管理制度的改革与优化，构建与创新型科技人才培养相适配的制度体系。从学生管理的角度来看，我国高校现行的管理制度刚性过强，学生学习的自由选择空间有限，而学习自由又是学生创造性发展的必要条件。这就要求高校在注重制度规范的同时必须实行灵活而有弹性的教学管理制度，以学生的学习需求为导向，实行弹性学制、主辅修制度、科研导师制等，给予其学习自主选择权。教学管理制度的改革还应化解课程种类多、教学内容多而课时较少的矛盾，充分利用网络技术拓展课后延伸，提高教学效率，使学生有足够的时间去体验、思考和质疑，将创新意识、创新精神和创新能力的培养建立在各个课程平台之上。此外，优化制度环境还需重点对传统的学生评价制度进行改革，因其难以真正促进学生的全面发展，有必要对其进行重塑。构建符合创新教育理念和反映学生知识、能力、思维和品格等多维素质发展状况的评价制度和评价方法，有效发挥学生评价制度的诊断功能和导向功能。

（三）营造创新型科技人才培养的精神文化环境

从某种意义上讲，大学精神与文化的重要价值就在于其中所内含的科学精神和人文精神对于学生潜移默化地浸润。其中，人文精神注重人的全面发展，而科学精神的本质则是“求真”，其基本内涵是“实事求是，追求真理、独立思考和勇于创新”。创新型科技人才的培养既需要制度环境所提供的外动力，同时亦需要精神文化环境所产生的内驱力。因而，精神文化环境是创新型科技人才培养中创新教育环境建设的重要内容。实践证明，群体文化可以对个体的思想和行为产生不容忽视的引导作用。营造创新型科技人才培养的精神文化环境，一方面需要高等学校大力倡导崇尚科学、追求真理、自由探索、开放民主和敢于质疑、勇于创新的学术风尚，促使学生在这种环境中逐步生成创新型科技人才所需的价值取向、思维方式、行为习惯和个性品格。另一方面，需要构建不惧失败、包容失败的舆论氛围，鼓励学生积极参与科技创新，发挥创新潜能，锻造创新能力。

三、科研环境建设

科研环境建设是推动科研事业蓬勃发展的核心引擎，涵盖多个维度，对筑牢科研发展根基，激活创新创造活力意义重大。

从硬件设施角度来说，科研设备的迭代升级与优化是开展科研工作的基础。先进的仪器设备能为科研人员提供精准的实验数据支持，拓展研究的深度与广度。比如，在生物医学领域，高分辨率显微镜使科研人员能够观察到细胞内部更细微的结构变化，助力疾病机制研究。同时，规划合理的科研实验室布局也是关键。良好的实验室空间规划，既能提高科研人员的工作效率，又能保障实验操作的安全性。如化学实验室，明确划分不同功能区，能有效规避化学试剂交叉干扰，降低实验风险。

在人才培养与团队建设方面，人才是科研的核心。一方面，高校和科研机构应构建"全链条"科研人才培养体系，从本科教育阶段就注重科研素养的培育，通过开设科研实践课程、提供科研项目参与机会等方式，让学生尽早接触科研前沿，激发科研兴趣。另一方面，打造多元化、跨学科的科研团队是突破学科壁垒、催生创新火花的关键举措。例如，在人工智能与医学影像交叉的研究中，计算机科学专业人员提供算法智慧，医学专业人员提供临床洞察，两者相互协作，推动研究取得突破。

科研管理机制也是科研环境建设的重要组成部分。合理的科研项目管理机制，应简化项目申报流程，减少烦琐的行政手续，让科研人员将更多精力投入科研工作。同时，建立科学的科研评价体系，不能单纯以论文数量论英雄，要综合考量科研成果的创新性、实用性以及对社会发展的贡献等多方面因素。对于一些基础研究成果，虽然短期内难以转化为实际应用，但在科学理论上有重大突破的，也应给予充分肯定。

学术氛围营造同样不可或缺。举办学术交流活动，邀请国内外知名专家学者分享最新研究成果，能拓宽科研人员的视野，促进学术思想的交流与融合。科研机构内部也应鼓励自由探索、包容失败的文化氛围，让科研人员敢于尝试新的研究思路和方法，不用担心因失败而受到过度指责，为科研创新提供宽松的环境。

第四章 科技创新背景下科技人才激励的理论与机制

第一节 科技人才激励的理论模型

激励理论是探索科技人才激励机制以及设计相应激励政策的基础。在激励理论发展历程中，德鲁克和坦姆仆是早期关于人才激励理论最著名的两位代表人物。在20世纪50年代，美国管理大师德鲁克最早提出科技人才的相关概念，即知识型人才（Knowledge Talents），其认为能够充分利用现代信息技术开展知识创新，进而掌握与引用现代概念的工作人员可以称为知识型人才。知识型人才必须具备两个特征：一是较强的知识更新和学习能力；二是充分利用现代信息工具以有效提高科研效率。德鲁克提出了较为完整的知识工作者激励理论，坦姆仆则构建了系统的知识员工激励模型。此后，西方学者开始了对激励理论的系统研究，目前已经形成了比较系统的理论体系，包括内容型（Content-based）、过程型（Process-based）、强化型（Intensified）以及综合型（Comprehensive）激励理论，它们分别从人才需求结构、动机产生逻辑、结果反馈路程以及前三者的综合分析等四个方面阐述了对调动科技人才工作投入积极性的不同影响。

一、内容型激励理论

内容型激励理论是指对人才产生激励的各种要素进行直接激励，该理论运用的逻辑起点比较简单，即科技人才需要什么就激励什么，从而激发科技人才的创新动力，其主要代表理论有马斯洛（Maslow，1987）的需要层次理论、阿尔德弗（Alderfer，1972）的 ERG 理论、麦克利兰（McClelland，1988）的成就需要理论以及赫兹伯格（Frederick Herzberg et.al，2009）的“激励—保健”双因素理论。尽管各学者对激励内容研究的侧重点有所不同，但大多数研究都聚焦于解构与激励强相关的特定需求及其层次结构，都将激励理解为如何通过特定的系列因素对人产生有效影响从而达到激励作用。然而，由于各国的政治经济、历史文化都存在显著差异，所以很难找到一套放之四海而皆准的激励要素；加之，对于科技人才来说，其行为与心理会受到内外部诸多要素的共同影响。单纯地针对一些特定要素进行激励未必可以取得良好效果，这也就决定了内容型激励理论的研究者很难找到一套具有说服性的激励模式，其实践效果将大打折扣，也难以真正调动人们从事开发性工作的积极性。鉴于此，自 20 世纪 60 年代以来，西方学者开始逐渐关注激励的基本过程，进而催生出过程型激励理论。

二、过程型激励理论

与内容型激励理论不同，过程型激励理论着重关注人们的行为动机与选择，其尝试解释人们是如何选择自己的行为模式，如何通过引导和满足人们的行为动机以达到最终的激励效果。20 世纪 60 年代，众多西方学者开始对激励过程进行研究，并在这一时期形成了弗鲁姆（Vroom）的“期望理论”、洛克（Locke）的“目标激励理论”和亚当斯（Adams）的“公平理论”等经典理论。“期望理论”和“公平理论”在研究中的运用较为广泛。期望理论认为，激励力量等于人们自身的期望值与效价的乘积，期望值取决于个体根据自身经验而预期实现目标的程度；效价则是目标达成度对个体需要的满足程度，其主要涉及努力与绩效、绩效与奖励、奖励与需要三者之间的相关关系。换言之，个体的目标达成度越高，越有可能获得奖励；如果该奖励越符合个体的需要，则越能起到激励作用。公平理论侧重于研究工资报酬分配的合理与否对人们产生的影响，并着重指出产生不公平的原因：一是与个体对“投入—产出比”的主观判断有关；二是与绩效评价方式的科学性有关；三是与绩效评定主体的公正性有关；四是与绩效评价标准的透明度有关。

三、强化型激励理论

强化型激励理论主要研究个体的行为结果对行为选择的作用机制，即强调通过行为结果的反馈来修正个体的自身行为，以促进组织目标的有效实现，主要代表观点是斯金纳（Skinner）的强化理论和韦纳（Weiner）的归因理论。强化理论（Reinforcement Theory）认为，外界因素主导人们的行为选择，通过给予各种刺激，这种行为就会反复出现。根据强化物性质的不同，可以分为正向刺激和消极刺激；根据强化程度不同，可以分为一级强化和二级强化，一级强化注重满足人的基本生存需要，二级强化则一般与一级强化相配合，注重满足人的精神需要；根据不同的强化时间间隔，可以分为间歇式强化和连续式强化。20 世纪 50 年代末期，美国心理学家海德提出归因理论（Attribution Theory），此后美国心理学家韦纳（Weiner，1972）等学者对其进一步加以系统化拓展。归因理论强调个体用以解释其行为动机的认知过程，即人受到刺激后的行为动机是怎样的。历经发展，归因理论经过长时间的发展，已经形成朴素归因理论、三度归因理论和对应推论理论等多个分支派系。

四、综合型激励理论

一些行为主义学者认为，内容型、过程型和强化型激励理论都较为片面，难以对人的行为动机作出科学、全面和系统的解析，必须将三种理论各取所长、有效融合，形成较为综合的新型理论框架。鉴于此，后续研究者尝试将前三种理论有效结合起来，提出了综合型激励理论，该理论的主要目标在于探寻对个体产生激励的普遍模式。其中最具标志性的是波特和劳勒在《管理态度与成绩》（*Managerial Attitude and Performance*）中提出的一种更完善、更全面的综合激励模型。该模型对前期传统的激励理论模型进行了系统性总结，并提出了包括期望理论、双因素理论、公平理论和需要理论等诸多理论在内的综合式激励全过程，主要包括个体的努力程度（Individual Effort）、工作绩效（Job Performance）、内外奖励（Internal and External Rewards）和满足感（Gratification）等四种要素，其激励逻辑是个体通过不断努力来实现组织的绩效目标，组织会给予内、外各种奖励，如果内、外各种奖励能够满足个体的需求，则个体会产生满足感，进而产生激励作用。需要说明的有三点：一是个体的努力程度受期望值和效价的共同影响；二是工作绩效的取得不仅与个体的能力和认识程度有关，还受个体所处的内外部环境影响；三是奖励的公平与否将对个体能否获得满足感产生重要影响。

在综合型激励理论的影响下，此后又逐步出现了多种综合激励方法和模型。一是聚合模型（Aggregation Model）。该模型强调将不同的理论加以整合，以最大限度地发挥多个理论的协同作用，从而起到“1+1 > 2”的整体激励作用。二是整合模型（Integration Model）。该模型与聚合模型具有相似之处，与之不同的是，其强调将关于激励的碎片式知识和整体式知识有效融合，且特别强调影响个体努力程度的因素。三是混合模型（Hybrid Model）。该模型强调以某种理论为主，多种理论为辅，从而获得比单一理论更好的激励效果，如“态度、激励和绩效的综合模型”（Comprehensive Model of Attitude，Incentive and Performance）便是其代表之一。四是互动式“利益—索取—报酬模型”（Interactive Interest-Ask-Reward Model）。该模型又被称为“I-A-R”模型，最早是由上海交通大学徐纪良（2000）在《一个互动式“I-A-R”激励模型》一文中提出，其强调对“奉献—索取”两种外显矛盾的分析，提出“利益关系取向”（Interests Relation Tendency）、“激励方式取向”（Stimulation Tendeny）和“奉献—索取取向”

（Dedication–Ask Tendency）等互动式“I–A–R”模型。

目前，国内外学者对科技人才激励机制的研究，大部分是依据上述一种或者综合几种激励理论进行的。由于不同国家的社会环境、经济发展、地域文化乃至价值观都千差万别，直接将西方的激励理论照搬到中国本土，难以达到理想的契合效果。近年来，个别学者在对科技人才激励机制进行相关研究时，尝试将古代传统思想家的激励观念融入自己的研究之中，以求找到“中西融合”的有效激励模式。

第二节　科技人才激励机制创新研究

在全球科技竞争日益激烈的当下，科技创新已成为推动国家和地区经济发展、提升综合国力的核心动力。科技人才作为科技创新的主体，其数量、质量和创新活力直接决定了一个国家或地区在科技领域的竞争力。从国家层面来看，科技人才是实现高水平科技自立自强的关键支撑，更是建设创新型国家的重要战略资源。众多科技成果，如5G通信技术、人工智能、新能源等领域的创新突破，都离不开科技人才的智慧和努力。这些成果不仅推动了产业升级，还为经济增长注入了新动能，深刻重塑了人们的生产生活方式。

有效的科技人才激励机制对于吸引、留住和激发科技人才的创新积极性具有关键的作用。合理的激励机制能够为科技人才提供物质保障和精神激励，使其在创新过程中感受到自身价值的实现，从而全身心投入科研工作中。当前，我国在科技人才培养和激励方面虽然取得了一定成效，但仍存在一些问题，如激励方式单一、评价体系不够科学、成果转化激励不足等，这些问题制约了科技人才创新活力的充分释放。因此，研究科技人才激励机制创新，对于解决当前科技人才激励中存在的问题，提高科技人才的创新积极性和创新效率，具有重要的现实意义。通过创新激励机制，能够更高效地会聚全球优秀科技人才，为我国科技事业发展凝聚磅礴力量，推动我国在关键核心技术领域取得更多突破，实现科技强国的战略目标。

一、现有激励机制的主要模式

现有科技人才激励机制涵盖多种模式，每种模式都有其鲜明的特点和应用场景。

薪酬激励是最基础且广泛应用的激励模式，通过提供具有竞争力的薪酬待遇、绩效奖金、项目提成等方式，为科技人才提供物质保障，直接满足其生活和工作的经济需求。一些高科技企业为吸引和留住高端科技人才，提供远高于行业平均水平的薪资，并根据项目完成情况给予丰厚的项目奖金。如华为公司，其薪酬体系不仅包括基本工资、绩效工资，还有高额的年终奖和股权激励，使员工的收入与公司的业绩深度绑定，充分激发了员工的工作积极性和创造力。

项目激励则聚焦于科研项目本身，以为科技人才提供项目启动资金、科研设备支持以及参与重要项目的机会为激励手段。对于科技人才来说，参与有挑战性的重大科研项目，不仅能够提升自身的科研能力和学术声誉，还能在项目成功完成后获得相应的奖励和荣誉。例如，国家重点研发计划为入选的科研项目提供充足的资金支持，项目团队成员在项目实施过程中能够接触前沿的科研设备和技术，项目结题后，团队成员也会因项目成果获得相应的奖励和职业晋升机会。

荣誉激励主要通过授予荣誉称号、表彰奖励、公开认可等方式，满足科技人才的精神需求，增强其职业荣誉感和归属感。国家科学技术奖作为我国科技领域的最高荣誉，对获奖者给予了极高的社会赞誉和精神鼓励，获奖者不仅获得了崇高的社会声誉，还能获得国家给予的物质奖励，其科研成果也得到了广泛认可。一些企业和科研机构也会设立内部的荣誉奖项，如“优秀科研工作者”“技术创新奖”等，对表现突出的科技人才进行表彰和奖励，激励他们持续追求卓越。

股权激励是一种长期激励模式，企业通过给予科技人才一定数量的股权或期权，使其成为企业的股东，形成命运共同体，与企业共享发展成果，共担经营风险。这种激励模式能够将科技人才的个人利益与企业的长期发展深度锚定，增强科技人才对企业的忠诚度和责任感。许多互联网科技企业在创业初期，通过股权激励吸引了大量优秀的科技人才，这些人才在企业发展过程中，凭借自身的技术优势和创新能力，推动企业不断壮大，同时也因持有企业股权获得了丰厚的回报。

二、我国科技人才激励机制现状分析

（一）取得的成效

在系列激励政策的推动下，科技人才在成果产出、团队建设等方面取得了显著成效。在成果产出方面，我国专利申请和授权数量、登记技术合同项数和技术交易额增长迅速；在论文发表方面，我国科技人员在国际顶尖学术期刊上发表的论文数量逐年增加，论文质量也不断提高；在人工智能、量子计算、生物医药等前沿领域取得了一批具有国际影响力的原创成果，如我国在5G通信技术领域的研究成果处于世界领先水平，拥有大量的核心专利，推动了全球5G产业的发展。

在团队建设方面，激励机制促进了科技人才的合理流动和优化配置，推动了创新团队的形成和发展。许多科研机构和企业通过提供良好的科研环境、发展机会和激励措施，吸引了不同领域的优秀科技人才，组建了跨学科、跨领域的创新团队。这些团队在重大科研项目中发挥了协同创新的优势，攻克了许多关键技术难题。例如，我国的航天科研团队会聚了航天工程、材料科学、电子技术等多个领域的科技人才，他们紧密合作，成功完成了载人航天、月球探测等重大航天任务，使我国在航天领域取得了举世瞩目的成就。

（二）存在的问题

尽管我国科技人才激励机制取得了一定成效，但当前仍存在一些问题，制约了科技人才创新动能的释放。

薪酬待遇方面，缺乏竞争力，绩效工资也未建立起有效的增长机制。这使科研单位在吸引和留住优秀科技人才方面面临巨大挑战，难以与待遇优厚的新兴行业竞争。薪酬水平难以对科技人才产生有效的激励作用，薪酬与绩效之间缺乏动态联动机制。科技人才的工作成果未能通过薪酬得到合理体现，极大地抑制了他们的科研积极性和创新热情；激励方式存在简单化倾向。工作业绩与报酬未能紧密挂钩，普遍采用“大平均、小差距”的模式，激励匹配度极低，导致努力付出、成果丰硕的科研人员得不到应有的回报，而表现平平者也未受到相应鞭策，严重稀释了科研团队的整体活力，中长期激励机制尚未形成。目前过于侧重短期物质激励，未能将短期和长期激励有效结合，不利于科研人员制定长期科研规划，也难以维持科研工作的持续性和稳定性。这些问题严重制约着科研单位的发展与科技创新能力的提升。

精神激励方面，对科技人才的精神激励和感情激励投入不足，难以唤起人才的归属感。学术荣誉也存在被利益裹挟的现象，一些荣誉称号的评选受到非学术因素的干扰，沦为利益博弈的工具，导致其激励效用未最终发挥，无法真正激发科技人才的内在动力和创新热情。

评价体系方面，科技人才评价体系仍不够完善，评价过程存在“四唯”现象，即唯论文、唯职称、唯学历、唯奖项，过度依赖量化指标，忽视了科技人才的创新能力、实际贡献和科研潜力。这使一些从事基础研究、应用研究和技术开发的科技人才难以得到公正的评价和认可，影响了他们的积极性和创造性。在职称评审中，论文数量和影响因子往往占据重要地位，而一些在实际科研工作中取得突出成果，但论文发表数量较少的科技人才可能会在职称晋升中受到阻碍。

三、科技人才激励机制创新策略与建议

（一）优化薪酬与物质激励体系

1. 建立竞争力薪酬体系

提高科研单位薪酬待遇，使其在人才市场中具有竞争力，是吸引和留住科技人才的基础。政府和相关部门应加大对科研领域的投入，合理提高科研人员的基本工资水平，保障其能够获得与自身专业能力和贡献相匹配的收入，确保基础薪酬托举人才价值底线。科研单位应根据自身实际情况，制定具有竞争力的薪酬策略，参考行业标准和市场行情，定期调整薪酬水平，以平衡外部竞争力与内部可持续性，适应不断变化的人才市场需求。

建立动态薪酬增长机制，根据科研人员的工作业绩、科研成果、社会效益以及市场薪酬水平的变化，及时调整薪酬，确保薪酬的激励性和公平性。可以引入绩效工资、项目奖金等灵活的薪酬形式，将科研人员的收入与工作成果深度挂钩。对于在科研项目中取得重大突破、为单位带来显著经济效益或社会效益的科研人员，给予高额的项目奖金和绩效奖励，充分彰现其工作价值。

2. 完善绩效与薪酬联动机制

绩效与薪酬的深度联动，是体现科技人才创新价值的关键。科研单位应建立科学合理的绩效考核体系，明确考核指标和评价标准，确保考核结果能够真实反映科研人员的工作表现和创新成果。考核指标应涵盖科研成果的数量、质量、创新性、应用价值等多个方面，避免单纯以论文数量、项目数量等量化指标进行考核。

在薪酬分配中，严格按照绩效考核结果进行调整，使绩效优秀的科研人员能够获得更高的薪酬待遇和更多的奖励。将绩效工资分为多个档次，根据绩效考核结果确定科研人员的绩效工资档次，绩效排名前 10% 的科研人员可获得最高

档次的绩效工资，而绩效排名靠后的科研人员则相应降低绩效工资档次。同时，对于绩效突出的科研人员，在职称晋升、岗位晋升等方面给予优先考虑，进一步激励科研人员提高工作绩效。

3. 引入长期激励工具

股权、期权等长期激励方式，对于留住和激励核心科技人才具有重要意义。企业可以通过向核心科技人才授予股权或期权，使其成为企业的股东，与企业共享发展成果，共担经营风险，实现人才与企业的长期价值绑定，从而增强核心科技人才对企业的忠诚度和责任感。

在实施股权、期权激励时，应合理确定激励对象、激励额度和行权条件。激励对象应主要针对对企业发展具有关键作用的核心科技人才，激励额度应根据其贡献和价值进行合理分配。行权条件应与企业的发展目标和科研任务相结合，如设定一定的业绩目标、科研成果目标等，只有当企业和科研人员达到这些目标时，才可行权，以确保激励的有效性和可持续性。

（二）强化精神与职业发展激励

1. 发挥精神激励的作用

通过荣誉表彰、文化建设等方式，增强科技人才的归属感和成就感，是精神激励的重要手段。设立各类科技奖项和荣誉称号，打造立体化荣誉体系，对在科研工作中取得突出成就的科技人才进行表彰和奖励，提高其社会影响力和行业话语权。国家科学技术奖、中国青年科技奖等国家级奖项是顶层引领；各行业协会、科研机构设立的专业奖项，是对优秀科技人才给予的高度认可和赞誉；企业内部设立的“技术攻坚奖”“创新先锋奖”等荣誉是对上述精神激励的延伸。

加强科研文化建设，营造积极向上、鼓励创新的科研氛围。科研单位可通过组织多样化的活动来助力科研文化建设。例如，组织学术交流活动，为科研人员搭建思想碰撞的平台，让他们能够分享最新的研究成果、前沿的学术观点和独特的研究方法。在交流中，不同的思维相互启发，从而拓宽科研思路，促进创新灵感的产生。组织团队建设活动也能有效增强科研人员之间的沟通与合作。在共同完成团队任务的过程中，培养大家的团队精神，使科研人员深刻认识到协作的重要性。这种团队精神和频繁的沟通合作，正是创新文化生长的沃土，能进一步推动科研工作的协同创新与高效开展。

2. 拓宽职业发展通道

打破论资排辈的传统桎梏，为科技人才构建多元化的晋升渠道和发展机会，是激发其积极性和创造力的重要保障。建立以能力和业绩为导向的晋升机制，只要科技人才在科研工作中表现卓越，成果突出，就给予相应的晋升机会。设立“青年科研人才破格晋升制度”，对于在科研领域具有突出创新能力和发展潜力的青年科研人员，允许其跳过常规晋升流程，直接迈向到更高的职位。

同时，提供跨部门、跨领域的发展机会，鼓励科技人才进行跨界融合创新。随着科技的快速发展，学科交叉融合成为科技创新的重要趋势。科研单位应鼓励科技人才打破学科壁垒，参与不同领域的科研项目和团队，拓宽视野，提升综合能力。

3. 加强人才培养与培训

构建完善的人才培养体系，为科技人才提供持续学习和成长的平台，是提升科技人才素质和创新能力的关键。科研单位应根据科技人才的不同需求和发展阶段，制订个性化的培养计划。对于新入职的科技人才，开展基础科研技能和职业素养培训，助力其尽快适应工作环境和科研要求；对于有一定经验的科技人才，提供高级科研方法、前沿技术培训等，推动其科研水平和创新能力进阶跃升。

此外，加强与高校、科研机构的合作，开展联合培养、学术交流等活动，拓宽科技人才的学习渠道和视野。鼓励科技人才参加国际学术会议、合作研究项目等，及时了解国际前沿科技动态，提升国际合作能力和学术影响力。

（三）创新科研评价与资源分配机制

1. 完善科研评价体系

建立以创新价值、能力和贡献为导向的分类评价体系，是解决当前科研评价中“五唯”问题的关键。针对基础研究、应用研究、技术开发等不同类型的科研工作，应制定差异化的评价指标和标准。对于基础研究，重点评价其学术价值、原创性和对学科发展的贡献；对于应用研究，注重评价其技术创新能力、成果转化效果和对经济社会发展的实际贡献；对于技术开发，关注其产品性能、市场竞争力和经济效益。

避免过度依赖量化指标，注重科研成果的质量和实际应用价值。评价科研成果时，既要看论文数量、引用次数等量化指标，又要关注论文的创新性、学术影响力以及科研成果在实际应用中的效果和价值。对于在实际生产中取得显著经济效益或社会效益的科研成果，即使其论文发表数量较少，也应给予充分的肯定和评价。同时，引入同行评价、用户评价等多元化的评价方式，同行能够发挥专业优势，对科研成果的学术水平和创新性进行准确评价；用户评价则能从实际应用的角度，对科研成果的实用性和价值进行客观评价。

2. 优化科研资源分配

根据科研项目的特点和需求，合理分配资源，是提高科研资源利用效率的重要举措。在项目立项阶段，加强对项目的可行性研究和评审，确保项目具有明确的目标、合理的方案和预期的成果。根据项目的研究难度、创新性和预期效益，合理分配科研经费、设备设施等资源。对于具有重大创新意义和应用前景的科研项目，给予重点支持，保障获得充足的资源。

建立科研资源动态调整机制，根据项目进展情况进行资源分配。对于进展顺利、取得阶段性成果的项目，适当增加资源投入，以加快项目的推进速度；对于进展缓慢、无法达到预期目标的项目，及时减少资源投入或终止项目，避免资源的浪费。同时，加强科研资源的共享和协同利用，建立科研设备共享平台、科研数据共享中心等，促进科研资源的优化配置，提高资源的利用效益。

3. 建立容错与激励机制

建立科研容错机制，鼓励科技人才勇于探索和创新，是营造良好科研氛围的重要保障。要明确科研活动中的合理失败范围，对于因不可预见的因素导致的失败，给予宽容和理解，不追究科研人员的责任。对于一些高风险、高难度的科研项目，由于其探索性强，失败的可能性较大，只要科研人员在项目实施过程中遵循了科学研究的规律和程序，尽心尽力地开展工作，即使项目最终失败，也应给予肯定和鼓励。在容错的同时，应加强对科研人员的激励，引导他们从失败中吸取经验教训，持续开展科研工作。可设立科研失败奖励基金，对在科研失败中能够总结经验、提出新思路的科研人员给予一定的奖励，鼓励他们勇于尝试新的研究方向和方法。

四、科技人才激励机制未来发展展望

未来，科技人才激励机制将呈现出更加多元化、个性化和智能化的发展趋势。随着科技的快速发展和社会的不断进步，科技人才的需求和期望也在不断变化，激励机制需要更加精准地满足科技人才的多元化需求，提供个性化的激励方案。针对不同学科领域、不同发展阶段的科技人才，制定差异化的激励措施，以便更好地激发他们的创新潜力。

在激励方式上，将更加注重物质激励与精神激励的有机结合，短期激励与长期激励的协同作用。既要提供具有竞争力的薪酬待遇和丰富的物质奖励，也要加强精神激励，给予更多的荣誉表彰、职业发展机会和良好的科研环境，增强科技人才的归属感和成就感。同时要建立健全长效激励机制，通过授予股权、期权等方式，将科技人才的个人利益与组织的长期发展深度绑定，实现共同发展。

随着数字技术的不断发展，激励机制将愈发智能化。借助大数据、人工智能等技术，对科技人才的创新能力、工作绩效等进行精准评估，为激励决策提供科学依据。同时，通过智能化的平台，可以实现激励信息的快速传递和反馈，提高激励机制的运行效率。

为了推动发展落地，政府、科研机构和企业需要协同发力。政府应进一步完善科技人才激励政策，加大对科技创新的支持力度，营造良好的政策环境。科研机构和企业要积极探索创新激励机制，结合自身实际情况，制定切实可行的激励措施，吸引和留住优秀科技人才。同时，要加强对激励机制实施效果的评估和反馈，及时调整和完善激励机制，以适应不断变化的科技人才发展需求。

第五章 科技创新背景下科技人才激励体系的构建

第一节 科技人才激励要素分析

一、薪酬与福利因素

（一）薪酬水平的竞争力

薪酬水平的竞争力在吸引和留住科技人才方面起着关键作用。与国际同行水平相比，我国部分科技领域的薪酬水平仍存在一定差距。以人工智能领域为例，美国顶尖科技公司为 AI 工程师提供的年薪中位数接近 30 万美元（约人民币 217 万元），而国内同类型岗位的年薪中位数为 6.4 万 ~13.4 万美元（人民币 46.3 万 ~97 万元）。这一差距使我国在吸引国际高端科技人才时面临较大挑战。

从国内来看，不同地区、行业之间的科技人才薪酬水平也存在显著差异。北京、上海、深圳等一线城市，凭借其发达的经济和丰富的资源，能够为科技人才提供较高的薪酬待遇。在这些城市的高新技术企业中，高级软件工程师的年薪可达30万~50万元。而一些二、三线城市，由于经济发展水平和产业结构的限制，科技人才的薪酬水平相对较低，可能只有一线城市的一半甚至更低。在传统制造业占主导的城市，科技人才的薪酬增长空间有限，难以契合他们对物质生活的期待。

这种薪酬差距导致科技人才大量流向薪酬水平高的地区和行业。一线城市的科技企业往往能够吸引到更多优秀的人才，而二、三线城市则陷入人才短缺的困境，既影响了地区间科技发展的均衡性，也制约了一些行业的技术创新和升级。一些新兴行业由于起步阶段资金有限，难以提供具有竞争力的薪酬，导致人才流失严重，发展受到阻碍。

（二）福利体系的完善程度

我国科技人才的福利体系虽然在不断发展和完善，但仍存在一些不足。在社会保险方面，虽然大部分企业能够按照规定为科技人才缴纳基本养老保险、医疗保险、失业保险、工伤保险和生育保险，但部分中小企业存在缴纳基数不足的问题。一些企业为了降低成本，按照当地最低标准为科技人才缴纳社会保险，这在一定程度上拉低了科技人才的社会保障水平。

住房是科技人才面临的一大难题。虽然部分地方政府出台了购房补贴、人才公寓等政策，但覆盖范围有限。一些科技人才由于不符合政策条件，无法享受相应的住房福利，只能自行承担高额的房租或购房压力。在房价较高的城市，如北京、上海，科技人才往往需要花费大量的收入用于住房支出，对他们的生活质量和工作积极性产生了负面影响。

在医疗福利方面，虽然我国基本医疗保险覆盖范围较广，但对于一些高端医疗需求，如重大疾病的特殊治疗、海外医疗服务等，科技人才仍需自行承担较高的费用，在面对健康风险时存在顾虑，难以全身心地投入科研。

为了完善科技人才的福利体系，政府和企业应积极行动起来。政府可加大对住房保障的投入，扩大购房补贴和人才公寓的覆盖范围，提高补贴标准。可以通过建设更多有针对性的保障性住房，为科技人才提供更多的选择。企业应提高社会保险的缴纳基数，确保科技人才能够享受到应有的社会保障。企业还可以为科技人才提供补充商业保险，如重疾险、意外险等，以满足他们在医疗方面的多样化需求。

二、职业发展机会

（一）晋升渠道的畅通性

晋升渠道的畅通与否对科技人才的职业发展至关重要。在我国，部分科研机构和企业存在晋升渠道不够畅通的问题，晋升过程中，论资排辈，有才华的年轻科技人才难以脱颖而出。某些高校的科研团队，年轻教师即使在科研成果和创新能力方面表现出色，也可能因为资历较浅而在晋升竞争中处于劣势。这种论资排辈的现象，严重打击了年轻科技人才的工作积极性和创新热情，阻碍了他们的职业发展。

在部分国有企业中，晋升标准不够明确和科学，还存在人为因素的干扰。一些领导在晋升决策中，可能会优先考虑与自己关系密切的人员，而忽视了其他科技人才的实际能力和业绩表现，使晋升过程缺乏公平性和公正性，降低了科技人才对晋升的预期，进而影响他们对工作的投入程度和忠诚度。

不过，也有积极的案例。中国农业科学院为了解决这一问题，建立了40岁以下研究员和35岁以下副研究员晋升绿色通道，破除“论资排辈”和“四唯”倾向。这一举措为青年科技人才拓宽了发展空间，激发了他们的创新活力。实施以来，众多优秀的青年人才通过这一通道获得晋升，在科研工作中发挥了重要作用，推动了农业科技的快速发展。

畅通的晋升渠道能够激励科技人才不断提升自我。当他们看到自己的努力和成果能够获得及时的认可和回报，有明确的晋升目标和路径时，会更加积极地投入科研工作中，追求更高的职业成就。因此，应借鉴中国农业科学院的经验，优化晋升机制，明确晋升标准，减少人为因素的干扰，为科技人才提供公平、公正、畅通的晋升渠道。

（二）培训与进修机会

培训与进修机会深刻影响着科技人才的职业发展轨迹。然而目前我国科技人才获得培训与进修机会的情况却存在明显差异。

大型企业和科研机构，由于资金和资源相对充足，能够为科技人才提供较为丰富的培训与进修机会。例如华为公司每年都会投入大量资金用于员工培训，包括内部培训课程、外部专家讲座、海外进修等多种形式。通过培训，员工能够接触行业的前沿技术和理念，提升自己的专业技能和综合素质。华为还与多所高校和科研机构合作，为员工构建在职学习和攻读学位的通道，助力他们提升学历水平和科研能力。

反观部分中小企业，由于资金有限，对科技人才的培训投入相对较少，企业往往注重短期的经济效益，忽视了对人才的长期培养，一年可能只组织一两次简单的内部培训，且培训内容局限于基础技能的提升，无法满足科技人才对新知识、新技术的学习需求。长此以往，这些企业的科技人才在知识更新和技能提升方面严重滞后，制约了他们的职业发展和创新能力的发挥。

培训与进修机会对科技人才的职业发展具有重要的推动作用。参加培训，科技人才可以拓宽自己的知识面，了解行业的最新动态和发展趋势，从而为科研工作提供新的思路和方法。他们还可以与同行专家进行交流和合作，积累人脉资源，为今后的科研合作和项目开展打下基础。因此，政府和企业应加大对科技人才培训与进修的支持力度，政府可以设立专项培训基金，对中小企业的人才培训给予一定的补贴扶持；企业自身也应提高对人才培训的重视程度，合理安排培训预算，为科技人才提供更多、更优质的培训与进修机会。

三、科研环境与资源支持

（一）科研设施与设备条件

科研设施与设备是科技人才开展科研工作的重要物质基础。近年来，我国在科研设施与设备方面投入了大量资金，取得了显著进展。国家重大科技基础设施建设不断推进，如中国散裂中子源、全超导托卡马克核聚变实验装置等一批具有国际先进水平的大科学装置相继建成并投入使用，为科技人才开展前沿科学研究提供了强大的支撑，大幅提升了我国在相关领域的科研实力。

然而，部分科研机构的科研设施与设备仍存在短板。一些高校和科研院所的实验设备老化、陈旧，更新换代速度较慢，无法满足科技人才对高精度、高灵敏度实验设备的需求。比如在材料科学领域，新型材料的研发需要先进的微观结构分析设备，如高分辨率透射电子显微镜等，但部分科研机构资金有限，无法及时购置，导致科研工作受到影响。在一些地方科研机构，实验设备的种类不够齐全，无法满足多学科交叉研究的需求。随着学科交叉融合的趋势日益明显，科技人才在开展科研工作时往往需要综合运用多个学科的实验设备和技术手段，但由于设备资源有限，难以提供这样的条件。

为了改善科研设施与设备条件，政府应加大对科研基础设施建设的投入，设立专项基金，用于支持科研机构购置先进的实验设备。同时建立健全科研设备共享机制，加强高校、科研院所和企业之间的设备共享与合作，提高设备的利用率。可以搭建科研设备共享平台，实现设备信息的公开透明，方便科技人才查询和预约使用。

（二）科研项目经费支持力度

科研项目经费是保障科技人才顺利开展科研工作的关键支撑。近年来，我国对科研项目的经费投入逐年增加，为科技人才开展科研活动提供了较为充足的资金支持。如国家自然科学基金、国家重点研发计划等重大科研项目的经费规模不断扩大，为科技人才开展基础研究和关键核心技术攻关提供了有力保障。

虽然如此，但科研项目经费在分配和管理环节仍存在一些问题。经费分配“马太效应”现象突出，知名科研团队和学者能够获得大量的经费，而年轻科研人才和新兴研究方向却面临经费短缺的困境。这极不利于科研人才队伍的均衡发展和新兴学科的培育。经费的管理过于严格，报销流程烦琐，限制了科技人才对经费的合理使用。科研人员在使用经费时，需要花费大量时间和精力填写各种报销表格、提供烦琐的证明材料，既影响了科研工作的效率，也降低了科技人才的科研积极性。

为了优化科研项目经费支持，应进一步完善经费分配机制，加大对年轻科研人才和新兴研究方向的支持力度。可以设立专门的青年科研基金项目，提高青年人才在科研项目经费分配中的占比；还可以推行科研项目经费“包干制”，减少不必要的审批环节，让科技人才能够更加自由地支配经费，将更多的精力投入科研工作中。

四、团队氛围与合作文化

（一）团队协作的和谐程度

虽然我国科技团队在协作实践中取得了一定的成绩，但仍存在一些问题。部分团队内部存在沟通不畅的情况，成员之间信息传递不及时、不准确，导致工作效率低下；在跨部门的科研项目中，由于不同部门的工作重点和目标存在差异，缺乏有效的沟通协调机制，使项目进展缓慢。比如某大型科研机构的一个跨学科项目中，涉及物理、化学、生物等多个学科的团队成员。各学科之间的专业术语和研究方法存在差异，沟通成本较高，且缺乏统一的沟通平台和协调机制，导致在项目初期，便出现成员之间对研究目标和方法的理解不一致的情况，使项目进展受阻。

某些科技团队还存在利益分配不均的问题，在一定程度上影响了团队的和谐稳定。当团队成员认为自己的付出与回报不成正比时，容易产生不满情绪，进而影响团队的凝聚力和协作效率。比如在某个科研项目中，部分成员承担了主要的实验工作，花费了大量的时间和精力，但在成果奖励和职称晋升方面，却没有得到相应的认可和回报，这些成员感到很不公平，对团队的忠诚度就会降低，势必影响团队后续项目的开展。

内部竞争过度也可能引发内耗。在一些团队中，成员之间为了争夺有限的资源和晋升机会，出现过度竞争，甚至恶性竞争的情况，不仅破坏了团队的和谐氛围，也阻碍了团队的创新发展。如某些高校的科研团队中，为了争取科研项目和经费，成员之间互相诋毁、争抢成果，导致团队内部关系紧张，难以形成良好的合作氛围。

为营造和谐的团队协作氛围，应加强沟通与交流，建立定期的沟通会议和交流机制，促进成员之间的信息共享和思想碰撞；同时要建立公平合理的利益分配机制，根据成员的贡献进行合理的奖励和回报，确保成员的付出得到应有的认可；还应引导成员树立正确的竞争观念，避免过度竞争带来的负面影响。

（二）学术交流与合作机会

我国高度重视科技人才的学术交流与合作，积极搭建了各类平台，为科技人才提供了丰富的交流与合作机会。国家每年都会举办众多的国际学术会议，吸引来自世界各地的顶尖专家学者，为我国科技人才提供了与国际前沿接轨的平台。如在世界人工智能大会上，来自全球的人工智能领域专家会聚一堂，共同探讨人工智能的发展趋势、技术创新方向和应用前景。我国的科技人才可在会议中积极与国际同行交流，分享自己的研究成果，了解国际最新研究动态，有效拓宽国际视野。

政府还积极推动科研机构和企业与国外高校、科研机构开展合作研究项目，携手攻克全球性的科学难题。比如我国已与多个国家在气候变化、生物医药等领域开展了合作研究，通过合作，我国科技人才能够学习国外先进的研究方法和技术，提高自身的科研水平。如中国科学院与美国哈佛大学在脑科学领域开展了合作研究项目，双方科研人员共同开展实验、分析数据，在神经科学的基础研究方面取得了重要突破，为我国脑科学研究发展提供了有力支持。

学术交流与合作对科技人才的科研创新意义重大。通过交流，科技人才可以获取新的研究思路和方法，启发自己的创新思维。如在一次学术交流会议上，一位科研人员了解到国外同行在某一领域的新研究方法，受到启发后，将该方法应用到自己的研究中，成功取得了创新性的研究成果。合作研究则能够整合各方资源，实现优势互补，提高科研效率。在国际合作项目中，不同国家的科研团队可以共享实验设备、数据资源等，共同开展研究工作，加速科研成果的产出。

为了进一步促进科技人才的学术交流与合作，政府应加大对国际学术交流活动的支持力度，提供更多的资金和政策保障。科研机构和企业也应积极鼓励科技人才参与国内外的学术交流与合作，给予必要的时间和经费支持。同时建立学术交流与合作激励机制，对在交流与合作中取得突出成果的科技人才给予表彰和奖励，充分激发他们参与交流与合作的积极性。

第二节 科技人才激励体系的构建策略

一、建立合理的薪酬机制和保障机制

优越的薪酬福利不仅能够吸引更多的优秀科技人才投身科研工作，而且可以有效提升科技工作者群体的整体素质。目前，科研领域的薪酬体系尚存在外部不公平、分配方式不合理、受“总量控制”的天花板效应制约和同工不同酬等多重问题。因此，建立合理的薪酬机制和保障机制已迫在眉睫。首先，建立合理的薪酬制度和结构。科技人才的工资由基本工资、绩效/奖金和福利构成，基本工资取决于职称、工作量、工龄和学历，且不能低于本地区的社会平均工资。绩效/奖金取决于业绩的好坏，因此数额是不固定的，且可以拉开差距。福利则应该根据科技人才的不同需求提供，特殊情况下可以支持个性化选择。其次，工资是众多科技人才最重要的收入来源，应该专门设计针对性的指导标准。可以根据政府社保部门、高校、科研院所和科技协会等所在地区的经济发展水平以及科技人才所在单位的具体情况，制定符合其劳动价值和实际贡献的阶梯式工资指导标准。最后，不断改革绩效评价制度，提高绩效评价的科学性和准确性。科学研究是一项特殊而复杂的知识生产活动，因此绩效评价不能采取“一刀切”的方式，应该充分考虑科学研究的特殊性，依据科学、公正的原则，制定考核指标与标准，为提升科技人才的薪酬待遇和职级职务提供合理的参考。

同时，不仅要为科技人才提供在职期间的生活保障，还要采取多种有效措施，鼓励、支持离退休科技人才继续投身于科研相关事业。要积极编订退休专业技术人才开发使用管理相关办法，从法律层面明确他们是权责义务主体；同时制定相应的措施，鼓励退休科技人才回归科研工作，如评选先进人物、创设优越舒适的工作环境以及和谐友爱的人文环境、营造竞争的氛围，甚至可以给予现金奖励。此举的目的是利用先进榜样的激励功能，转变退休科研人才的固有思想，营造争先恐后做贡献的氛围。

二、提升科技人才的职业和工作认同感

职业认同对科技人才个体的生涯发展意义重大。自国外学者埃里克森（Erikson，1968）提出“职业认同”（Vocational Identity）的概念后，众多学者对其展开系统研究。例如，霍兰德（Holland et al.，1980）等学者将同一性概念归到生涯发展研究中；罗韦和玛西亚（Rowe and Marcia，1980）定义职业同一性是自我建构的一种结构，这种结构具有自我一致性、连续性和独特性等；萨维卡斯（Savickas，1985）认为职业同一性是一种自我和职业概念的发展；梅杰斯（Meijers，1998）把职业认同界定为心理建构不断成熟的过程，他主张个人在确定未来职业目标时要考虑自己的现实能力、真实兴趣以及价值观，因此这个概念并非一成不变的，而是动态发展的。总体而言，实现科技人才职业的工作认同，就要赋予科技人才一个明确的职业定位和价值认可。科技人才的定位模糊、工作价值不被认可，不仅会阻碍科学研究工作推进，而且还会在相当程度上影响其长期参与科研工作的积极性，进而造成科技人才的大量流失。政府相关部门应制定相关法律政策，以立法的形式来明确科技人才的职业资格和职业定位，不仅要将科技人才这一职位纳入《中华人民共和国职业分类大典》中，还要明确科技人才的职业特征、职业要求和基本权利，使科技人才在科学研究、教育教学和人才培养中从容履职。

从具体实施路径来看，国内学者提出了众多关于增强职业认同的方式方法。窦温暖将其归结为人际、学业、个性、体质、职业兴趣、职业能力、职业抱负、

社会资源、外表吸引力等九个方面。[①]高艳等认为职业认同主要有职业能力、态度、人际、道德、价值观和个人素质等六个维度。[②]王婧在编订完研究生职业自我概念的相关问卷后发现，职业认同是由职业能力、态度、发展、经验、人际关系、个性和家庭支持组成。[③]仔细分析这些研究可以发现，不同学者建构的职业认同虽然侧重点不同，研究对象也各异，但对探究科技人才的职业选择和自我认识无疑有着十分重要的指导价值。

三、给予科技人才充分的支持和发挥空间

赋予科技人才一定的自主发挥空间以有效激发其个人能力，对激励科技人才不断创新有着非常重大的作用。首先，要遵循学术发展规律，激发优秀科技人才的潜在创新活力，创建良好的人才成长环境。一方面要着力创建严谨而宽容的学术环境，努力推进文化创新，支持科技工作者另辟蹊径，使其勇于打破陈规和束缚，敢于提出新思路，成立新学派和创新学说。另一方面也要注重学术自律和制度规范相结合，建立学术诚信档案，构建诚信体系，加大对学术不端行为的审查和处罚力度。其次，要建立和完善科技人才专业化、工业化的公共服务体系。明确政府部门在体系中的职能定位，简化行政审批流程，建立和完善公共服务体系，向体制外的科技人才开放公共政策和管理服务；促进公共服务主体多元化，实现人才公共服务广泛化、均等化；完善制度建设，强化对人才公共服务的管理和监督，建立全新的人才保障救助机制；创建重点行业和部门的人才供需信息调查系统，加快人才公共服务信息化建设，加大经费投入。最后，不仅要形成统一标准的、共享的科技人才市场，还要积极发展专业化网络人才市场；制定人才服务行业的人员行为准则，强化人才市场执法人员和中介人员的职业道德建设，提

① 窦温暖．大学生职业自我概念问卷的编制及其特点研究 [D]．南昌：江西师范大学，2008.

② 高艳，乔志宏，宋慧婷．职业认同研究现状与展望 [J]．北京：北京师范大学学报（社会科学版），2011（4）：47-53.

③ 王婧．研究生职业自我效能感、社会适应性与职业自我概念的相关研究 [D]．大连：辽宁师范大学，2011.

高其职业性和专业性；调配市场资源，使人才服务机构的投资主体更加多元化，吸引社会资本进入，同时扩大融资投资规模，推动人力资源管理咨询、人才培养、人才测评等领域的发展。

四、注重科技人才的能力提升和职业发展

首先，完善科技人才的继续教育培训制度。科技人才的培训一般分为职前培训和在职培训，培训应该分级分类开展，精准匹配不同类别、不同职位的科技人才的不同需要。同时，理论知识培训、技能培训和伦理道德培训应该同步推进，多维度赋能人才成长。随着科技人才在国家社会经济发展和科技进步中的重要性日益凸显，应该逐步成立专业的科技人才培训与服务机构，与高校、科技协会等展开合作，努力提高科技人才的专业知识水平。其次，要努力拓宽科技人才的职业发展空间，在尊重其本人意愿的基础上构建更符合科技人才成长规律的、广阔的职业发展道路，不仅可以有效提高人才从事科研工作的职业忠诚度，而且可以吸引大批高端科技人才投身科学研究事业。再次，要建立完善的科技人才晋升机制。晋升主要包括职称的提高、职务的提升或者授予学术荣誉称号等。建设科学的晋升制度要充分发挥单位内部学术委员会的作用，本着全面考察、公平竞争的原则，充分听取被考察人的意见，明确可行、合理的晋升路径，形成科学、合理和透明的晋升长效机制。最后，要为行业发展和科技人才服务搭建广阔的平台，通过建立科技领军人才中心的方式，打造科技人才职业生涯发展的长效服务机制，为人才发展提供全周期服务、全方位支持。

参考文献

[1] 田海燕，杨帅，喻凯 . 创新驱动发展背景下科技人才分层次培养研究 [J]. 科技传播，2016，8（18）：10，67.

[2] 马志良 . 共享经济背景下科技创新人才政策协同问题研究 [J]. 内蒙古煤炭经济，2019（16）：120–121.

[3] 李博 . 创新驱动发展背景下我国科技人才工作研究 [J]. 人力资源，2019（14）：21.

[4] 张永宏 ."互联网 +" 背景下工程科技人才培养的创新路径 [J]. 江苏高教，2018（3）：29–32.

[5] 应男 . 知识生产模式转型背景下高校科技人才创新能力评价体系研究 [D]. 南昌：江西师范大学，2022.

[6] 杨树雨 . 教育、科技、人才与创新背景下的学习型大国建设探讨 [J]. 北京宣武红旗业余大学学报，2023（1）：3–10.

[7] 蔡力，南云，宁豆豆，等 . 教育、科技、人才融合发展背景下未来科技领域拔尖创新人才培养路径探索 [J]. 高教学刊，2024，10（35）：1–4.

[8] 朱跃杰，戴源 . 科技创新背景下的青年科技人才评价体系研究 [J]. 电站辅机，2024，45（2）：37–41.

[9] 徐娟，张欣慧，李雪莹 . 新时代人才强国背景下高校科技人才培养与创新环境研究 [J]. 中国人事科学，2024（5）：53–67.

[10] 李艺凡 . 科技创新背景下国有企业科技人才评价研究 [J]. 中国管理信息化，2024，27（2）：142–144.

[11] 张鹏，刘哲语 . 青年战略科技人才培养中的多元协同探究 [J]. 浙江工业大学学报（社会科学版），2024，23（4）：391–396.

[12] 李立国 . 我国高等教育结构优化与科技人才培养 [J]. 中国高教研究，2024（12）：1–5.

[13] 陈剑波 . 高校教育、科技、人才一体推进的逻辑关系及实践路径 [J]. 浙江理工大学学报（社会科学），2024，52（6）：736–742.

[14] 王鲁沛 . 培育更多发展新质生产力的创新人才 [J]. 群众，2024（23）：51–52.

[15] 黄刚，刘建清 . 发展新质生产力背景下应用型创新人才培养探究 [J]. 学校党建与思想教育，2024（22）：8–11.

[16] 罗方述 . 统筹推进教育科技人才体制机制一体改革 [J]. 旗帜，2024（11）：44–45.

[17] 李柏彦 . 国内多个领域专家学者话说青年人才：创新活力之所在科技发展之希望 [J]. 求贤，2024（10）：10–11.

[18] 吉冰冰 . 科技创新人才培养质量评价指标体系构建 [J]. 中州大学学报，2024，41（5）：113–117.

[19] 左崇良 . 现代大学的新使命：教育、科技与人才协同发展 [J]. 山东高等教育，2024（5）：1–6，89.

[20] 赵凯鹏，王俊力 . 人工智能赋能高校本科拔尖创新人才培养的路径重构 [J]. 浙江理工大学学报（社会科学），2024，52（6）：730–735.

[21] 齐彦磊，周洪宇 . 拔尖创新人才培养支撑新质生产力发展：价值、机制与策略 [J]. 中国远程教育，2024，44（7）：15–23，48.

[22] 丁文秀 . 科学技术创新与企业青年科技人才的培养 [J]. 现代企业，2024（5）：43–44.

[23] 马永红 . 我国关键核心技术领域人才培养机制研究 [J]. 中国高校科技，2024（4）：32–35.